瞬变电磁
三维正反演研究 ▪ 刘晓 著

江西高校出版社
JIANGXI UNIVERSITIES AND COLLEGES PRESS

图书在版编目（ＣＩＰ）数据

瞬变电磁三维正反演研究/刘晓著.--南昌:江西高校出版社,2023.3

ISBN 978-7-5762-3654-5

Ⅰ.①瞬⋯　Ⅱ.①刘⋯　Ⅲ.①瞬变电磁法—研究　Ⅳ.①P631.3

中国版本图书馆 CIP 数据核字（2023）第 022045 号

出 版 发 行	江西高校出版社	
社　　　　址	江西省南昌市洪都北大道 96 号	
总 编 室 电 话	(0791)88504319	
销 售 电 话	(0791)88522516	
网　　　　址	www.juacp.com	
印　　　刷	北京虎彩文化传播有限公司	
经　　　销	全国新华书店	
开　　　本	700mm×1000mm　1/16	
印　　　张	5.5	
字　　　数	85 千字	
版　　　次	2023 年 3 月第 1 版	
	2023 年 3 月第 1 次印刷	
书　　　号	ISBN 978-7-5762-3654-5	
定　　　价	78.00 元	

赣版权登字 -07-2023-149

图书若有印装问题,请随时向本社印制部(0791-88513257)退换

前　言

　　瞬变电磁法应用非常广泛，瞬变电磁数值模拟理论已经比较成熟，但瞬变电磁数据依然以一维反演为主。随着经济社会的快速发展，越来越多的矿产资源普查、地下水探查与构造地质填图等工作需要在山区、沙漠、森林等地形地质条件复杂的地区进行。对于复杂的电性结构，无法用简单的一维情况近似，一维反演会带来一些虚假构造的信息，所以，二维、三维反演是提高瞬变电磁资料解释精度的必经之路。

　　本书应用伪谱法和有限差分法进行瞬变电磁三维正演，分别计算全空间和半空间典型模型的响应，在此基础上进行三维非线性共轭梯度反演尝试，为三维瞬变电磁反演研究提供借鉴，供进行瞬变电磁数值模拟的研究者参考。

　　本书在撰写过程中得到中国地质大学（北京）谭捍东教授的悉心指导。本书由江西省科技厅自然科学基金项目（20212BAB213023）和江西省教育厅科学技术研究项目（GJJ171006）联合资助出版。

目 录

CONTENTS

第一章 引 言

1.1 研究背景

瞬变电磁法(Transient Electromagnetic Method,简称 TEM)属于时间域电磁法,是以地下的岩、矿石的电导率和磁导率的差异为物性前提,根据电磁感应原理,研究电磁场的时空变化规律,来寻找地下目标体或解决地质问题的一类地球物理方法。TEM 场源的激励方式通常有两种,即不接地回线源(磁性源)和接地有限长导线源(电性源)。

本书使用的源为不接地回线源(磁性源)。磁性源 TEM 的基本工作原理是,供给不接地回线线圈以脉冲电流,以便在地下激发出电磁场,在该电磁场的激励下,地下导电体响应产生涡旋电流。当脉冲电流消失后,一次磁场变为零,而响应产生的涡旋电流并不立即变为零,而是逐渐衰减。这个衰减过程的快慢与目标体的电导率有关,目标体的导电性越好,感应涡流的热耗损就越小,衰减持续的过程就越长。因此,不同的地下电性结构,使用 TEM 产生的感应涡流及二次电磁场的衰减过程都不相同,基于这个原理就可以通过在地面上测量和分析 TEM 响应特征来反演地下空间的电性结构。TEM 的基本工作原理如图 1 – 1 所示。

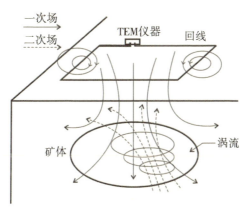

图 1 – 1 TEM 基本工作原理示意图

常用的 TEM 剖面测量装置有三种,即同点、偶极和大回线源装置,见图 1 - 2 中(a)(b)(c)。同点装置是时间域特有的装置,常用于金属矿的勘查,它能与地下目标体达到最佳的耦合。偶极装置和大回线源装置是时域和频域共用的装置。常用的 TEM 测深装置有电偶源、线源、磁偶源和中心回线装置,见图 1 - 3 中(a)(b)(c)(d)。

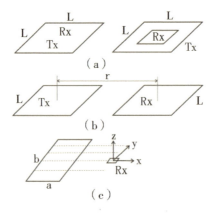

图 1 - 2　TEM 剖面装置

(a)同点　(b)偶极　(c)大回线源

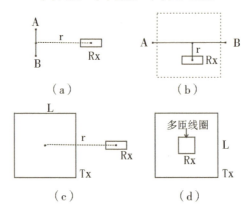

图 1 - 3　TEM 测深装置

(a)电偶源　(b)线源　(c)磁偶源　(d)中心回线

实际使用的地面接地有限长导线源和回线源装置如图 1 - 2(c),在源关断后,沿测线测量电场、磁场或垂直感应电动势,然后移动源,重新布置测线,进行下一次测量。

频率域电磁法和时间域电磁法的基础理论是相同的,两者的研究对象都是电磁感应产生的二次场。但因为时间域方法观测的是纯二次场,没有一次场,所以有自己独特的优势:(1)由于观测纯二次场,没有装置耦合噪声,这是频率域方法中常见的问题,时间域方法的噪声主要来自外界,因此,通过加大功率—灵敏度的方法能够提高信噪比,从而增大勘探深度;(2)对导电围岩的分辨能力和导电覆盖层的分辨能力比频率域电磁法要好,并且施工方法既快又简单;(3)当存在高阻围岩时,地形因素不会带来假异常;(4)使用共圈装置,能与所探测的地下目标体达到最佳的耦合,提高了对地质体的横向勘探能力。

进入 20 世纪 80 年代后,TEM 发展迅速,现已广泛应用于油气勘探、工程勘查、矿产勘查等众多领域。虽然 TEM 的数据处理方法和解释技术有了极大的发展,国内外相继有关于二维、三维正反演方法技术的论文发表,但目前瞬变电磁法二维、三维正反演方法技术还处于探索研究阶段,离实用化还有很大距离。如果三维正反演问题的研究能够向前推进,将会提高瞬变电磁实测资料的解释水平,对于实测资料的精细解释以及方法本身的技术进步具有重要的意义。

由于 TEM 获得的观测数据量巨大,采用一般方法进行反演的效率很低,因此本书在 Wang、Hohmann 和 Commer 等人正反演研究的基础上开展回线源瞬变电磁三维非线性共轭梯度反演研究,借鉴地震偏移成像的方法,使用 FDTD 的方法计算反向传播电磁场,直接在时间域用入射电场和反传电场做卷积计算来计算数据拟合差的梯度,避开直接计算雅可比矩阵,开发反演算法,并对合成电磁场数据进行反演,为实测资料的解释提供理论指导。

1.2　研究现状

瞬变电磁反演的目的是确定研究区域地下空间的电性结构,为地质问题的解决提供地球物理依据。而反演的基础是正演计算。由于瞬变电磁的响应函数很复杂,所以正演计算都采用数值模拟技术。这些技术方法已经发展了近 40 年,今天已能模拟复杂的三维地质结构的电磁感应响应。

20 世纪 60 年代以前,由于计算条件的限制,人们通过计算一维层状模型的理论响应,通过比对物理实验模拟规则形体的结果,根据野外观测经验,来解释瞬变电磁资料。后来计算技术发展起来了,较好地解决了一维模型的正反演问题(Markku,2003;Spies,1991;翁爱华等,2010;李永兴等,2013;王猛等,2015)。但一维层状模型的适用范围有限,实际中地下介质的导电性在横向是变化的,这时就要考虑二维和三维模型。随着数值模拟方法的进步和计算机技术的快速发展,20 世纪 60 年代以后人们开始了二维算法的研究(Hohmann,1971),到 70 年代出现了三维电磁数值模拟算法(Weidelt,1975),80 年代后出现了更多先进的电磁场数值模拟方法和技术(Xiong,1992;Zhdanov,1996;Sasaki,2001)。

正演的策略有两种:一种是在时间域中直接进行数值模拟;一种是间接的方法,先在频率域中数值模拟,然后把结果变换到时间域。两种方法的计算量基本相当,时域方法精度较高,尤其是计算晚期的结果,但计算较复杂;由于频率域的其他电磁方法研究已打好了基础,所以频率域 TEM 做起来更容易。闫述等(2011)指出由频率域到时间域的变换处理会带来误差,还可能会掩盖时间域场最本质的属性——因果律。实际上,直接在时域进行理论研究,将揭示 TEM 所特有的性质。

TEM 二维、三维数值模拟方法大体可分为两种,即解积分方程法(IE 方法)和微分方程法(DE 方法)。IE 方法包括表面积分法和体积积分法,DE 方法包括有限元法和有限差分法。IE 方法较早并且较广泛地应用于 TEM 三维数值模拟,因为该方法只需计算异常体内的电磁场,就把复杂的电磁正演问题简化了,计算过程中形成的矩阵较小,所以计算效率较高。但 IE 方法适合于简单的模型,当地下电性结构很复杂时,每次计算都要处理边界等问题,急剧增加计算的困难。此外,IE 方法一般在频域进行计算,结果要转换到时域。DE 方法可以直接在时域模拟,可以控制时间窗口,在模拟复杂的地下电性结构时比 IE 方法更有优势。其缺点是必须考虑边界条件,比 IE 方法需要更多的时间和空间剖分,所以计算量更大,所需的计算机资源更多。

Kens S. Yee(1966)首先提出 Yee 氏网格空间离散化技术,他用差分方程对时域麦克斯韦方程组进行离散,计算了理论模型的电磁脉冲响应,从此诞生了一种时域电磁场模拟的新方法——时域有限差分法(Finite Difference Time-domain Method,简称 FDTD)。后来经过一批科学家(如 R. Holland,K. S. Kunz 和 A. Taflove 等)的不断改进,经历了 20 多年的发展,FDTD 走向成熟。

Oristaglio 和 Hohmann(1984)将 Du Fort-Frankel 法结合时域有限差分法用于求解二维瞬变电磁问题,推导出显式的、总是稳定的时间分步法公式。要把 FDTD 引入三维数值模拟,需求解二阶方程,此时需要精确计算物性参数的空间导数,并且模拟不连续的场,这些困难和问题不能很好地解决(Adhidjaja 和 Hohmann,1989),因而三维数值模拟发展缓慢。Wang 和 Hohmann(1993)结合 Du

Fort-Frankel 法,使用交错采样网格离散三维时域麦克斯韦方程组,限定参数满足一定条件,给出了总是稳定的、显式的时间分步法差分迭代公式,首次成功地计算了三维时域 TEM 响应。该方法能够计算每一时间步长各空间网格节点上的电磁场。随着时间步长的迭代,该方法能直接观测脉冲电磁波的扩散全过程及地下目标体的响应全过程,充分反映了时域瞬变场的特点。FDTD 能够直接给出丰富的时间域信息,清晰地描绘出复杂的物理过程的物理图像。这有利于了解瞬变场在地下扩散的全过程,从而评估 TEM 探测地下目标体的有效性(闫述等,2000、2002)。

孙怀凤等(2013)尝试将回线源电流密度加入 FDTD 迭代公式,从而代替初始条件激发源,使得 FDTD 算法具有更广泛的适用性。殷长春(2013、2015)应用并矢格林函数理论,使用 IE 方法,计算时间域航空电磁系统一维均匀层状介质和三维模型的瞬变全时响应,计算航空 TEM 对地下典型目标体的响应,研究其探测目标体的能力。

有限元法(FE 法)属于间接的方法,要先在频率—波数域求解电磁响应,然后再变换到时间—空间域中去。王华军等(2003)应用有限元法进行 TEM 中心回线装置的 2.5 维模拟,同时避免了激励源所产生的奇异性。熊彬(2006)、沈金松和孙文博(2008)、Xiong(2011)、李建慧等(2013)及齐彦福(2021)等人也进行了相关的研究,将回线源 TEM 的有限元法推广到三维正演中。

余翔团队(2017)在地表加入空气层,改进卷积完全匹配层(CPML)吸收边界条件,计算带地形的有限长细导线场源的瞬变电磁响应。赵越等(2017)引入空气层实现了三维起伏地形条件下航空瞬变电磁时域 FDTD 正演模拟量。孙怀凤团队(2018)提出了瞬变电磁三维 FDTD 正演的多尺度网格方法,以提高计算效率。Gao 等(2021)将多分辨率(MR)网格方法应用于时域电磁建模,MR 网格允许随着深度降低网格分辨率,从而减少自由度,而不影响解的准确性。

还有一种数值模拟方法叫伪谱法,也可用于求解麦克斯韦方程组。Tal-Ezer(1986)首次用伪谱方法来解双曲线方程。随后伪谱法被应用于求解其他方程,如求解弹性力学方程(Kosloff 和 Kessler,1990;刘鲁波,2007;龙桂华等,2009)、线性周期抛物线问题(Tal-Ezer 等,1989)、麦克斯韦方程(Druskin 等,1994;De Raedt 等,2003;李展辉等,2009)等。Carcione(2006、2010)应用伪谱法求解二维麦克斯韦方程组,他使用显式谱方法来模拟地下电磁场的扩散,使用傅里叶变换来计算空间偏导数。由于傅里叶变换具有周期性,它要求周期性的边界条件,还不能考虑空气大地界面的影响。

地球物理反演的目的是寻找最佳的模型,使正演理论响应与野外实测数据拟合差达到极小。反演方法通常分为局部寻优和全局寻优两类方法(王家映,2007),如最速下降法、共轭梯度法和线性最小二乘反演等为局部寻优方法,随机搜索、神经网络、模拟退火和遗传算法等属于全局寻优方法。比较而言,全局寻优方法所需要的正演次数更多,所以局部寻优方法的反演速度更快。

20世纪90年代以后,二维、三维TEM反演方法技术有基于积分方程正演算法的各种非线性和局部非线性反演算法(Torres-Verdin,1994;Habashy,1993),以及基于波场转换理论的各种偏移成像技术(Lee,1993)。这两类反演算法的优点是计算量少、速度快。

Wang和Hohmann(1993)在Du Fort-Frankel法正演的基础上,开展共轭梯度反演研究。他们通过入射场和反向扩散场的褶积来计算数据拟合差的梯度,这与地震偏移成像的用法相同。反向扩散场满足伴随格林函数,在反向传播的时间上是稳定的,同样可以用Du Fort-Frankel法计算。他们将该方法应用到井下TEM的二维反演,具有一定的效果,但需要迭代的次数较大,计算效率不高。

Commer(2004)在Wang和Hohmann的基础上开展有限长导线源长偏移距瞬变电磁法三维非线性共轭梯度法反演研究。该方法的优势是不需要直接计算敏感度矩阵,只需求解目标函数的梯度;存在的问题是收敛性非常慢,计算效率不高。

Haber等(2004、2007)提出了另一种共轭梯度法求解,进行回线源TEM的三维反演。他们使用隐式时域有限差分方法进行正演,然后用Gauss-Newton方法构造线性最小二乘问题,最后利用共轭梯度法搜索目标函数的极小值。随后,Oldenburg等(2013)改进了其中正演的方法。这种方法不是直接计算雅可比矩阵,而是计算敏感度矩阵以及其转置和一个向量的乘积,所需正演次数只与发射源的数目有关,从而大大节省了存储空间和计算时间。该方法在模型空间中求解,不太适合大的模型。

邓小红(2006)从正演计算工作量的角度考虑,选择定回线源测量装置开展三维反演研究,为了缩小反演的空间范围,只对异常场进行广义逆反演。程久龙等(2014)开发了全空间粒子群算法反演程序,进行煤矿井下矿井瞬变电磁法研究,有效提高了全空间瞬变电磁勘探的精度。该算法主要用于全空间的理想情况。

李展辉(2015)采用 Occam 反演方法进行 2.5 维和三维反演,利用格林函数互易定理计算敏感度矩阵并进行存储。结果表明,2.5 维反演能很好地还原地下电阻率结构,而同一模型相同数据的一维反演则产生了很明显的虚假构造。

强建科等(2016)采用伴随方程法计算灵敏度矩阵,应用非线性共轭梯度方法实现了时间域航空电磁 2.5 维反演,结果可有效地反映地下真实电性结构,研究发现反演对于初始模型的依赖性很大。饶丽婷等(2016)建立包含简单异常体的三维大地的一阶矩响应正演算法,根据不同的约束条件,选择优化的最速下降法实现瞬变电磁快速三维反演,这是有益的尝试。

Liu 等(2016)采用拟牛顿法对航空瞬变电磁数据进行三维反演,并且在发射波形中分别加入了高能量和低能量脉冲波,对地下浅层电性结构有更好的分辨率。李大俊(2017)、许广春(2017)利用正则化反演技术的时频转换方法完成时间域信号到频率域响应转换,利用成熟的频率域数据处理技术,实现矩形大定源瞬变电磁数据的三维频率域非线性共轭梯度反演。这些是在频率域开展的模拟和反演研究。

Liu 等(2019)基于时域有限元正演,使用一种向后递归的方法来解决伴随正演问题,应用有限内存 BFGS 优化方法实现了带地形的三维反演,对实测数据的反演效果较好。齐彦福等(2021)开展考虑起伏地形和关断时间的地面 TEM 三维反演算法研究,基于时间域有限元正演算法,采用 L-BFGS 方法反演,算例所占内存为 20.3GB。

各种近似反演方法也取得了很好的成果。为了避开或减小计算雅可比矩阵和求解大型线性方程组的工作量,近似方法采用相对简单的模型迭代计算出模型的少量参数。但近似反演方法突出的问题是初始模型的确定和迭代的收敛稳定性,许多学者就此进行研究做了大量的工作。如 Garg 和 Keller(2012)利用时空滤波延拓的方法圈定 TEM 研究区内目标体的位置。Barnett 等人(1984)采用最小二乘法反演不同延迟时间的感应等效电流烟圈的位置、方位和大小,从而获得薄板导体的位置、方位和尺寸。杨长福等人(2000)根据烟圈理论,改进了三维 TEM 近似反演方法。上述三维近似反演方法存在的主要问题是,数值模拟仅适用于有限导电薄板,相应的反演结果也只能是有限导电薄板,与真实的地质模型仍有较大的差距。

至于反演成像方法,更是近几年来国外学者研究的热点,诸如波场射线追踪走时层析成像技术、基于 Born 近似的频率域迭代 Born 反演导电率成像技术(Alumbaugh 等,1993)、采用类似于声波(地震)衍射层析成像方法的二维声频电磁成像技术(Zhou 等,1993)、非线性跨孔电磁层析成像反演技术(Torres-Verdin 等,1993)、类似于地震偏移层析成像的时间域逆时偏移层析成像技术等各类电磁成像及层析成像技术层出不穷。在国内,李狄等(2001)研究了中心回线等装置的拟地震解释方法。薛国强等(2006、2007、2008、2011)、郭文波等(2005),研究把 TEM 数据等效转换成平面波场数据,借鉴 MT 数据的拟地震成像思路,通过计算反射系数序列来成像,这是一种时频转换的方法。李狄等(2005、2010、2015)通过波场转换方法,进行拟地震偏移成像。樊亚楠等(2019)运用扫时波场变换技术,得到稳定的虚拟波场,借用地震勘探中的 Born 近似逆散射技术实现对电性界面成像。鲁凯亮等(2021)采用精细积分法实现了瞬变电磁扩散场到虚拟波场的转换,大大降低了解决病态问题的难度。各种偏移成像技术在反演成像过程中必须通过其他方法确定背景区电阻率,因而反演成像结果只能给出主要目标体的图像。这些反演成像方法可以在一定程度上满足揭示主要探测对象(例如良导矿体)近似的几何形态的需求。

第二章　TEM全空间三维伪谱法数值模拟

2.1　控制方程

在均匀无源的各向同性介质中,麦克斯韦方程组可以改写为如下形式(Sanders 和 Reed,1986):

$$\partial_t \mathbf{e} = -\sigma^{-1}\mu^{-1}\nabla \times \nabla \times \mathbf{e} \tag{2-1}$$

$$\partial_t \mathbf{h} = -\sigma^{-1}\mu^{-1}\nabla \times \nabla \times \mathbf{h} \tag{2-2}$$

其中 μ 是磁导率,σ 是电导率,$\mathbf{e}$ 和 $\mathbf{h}$ 分别表示电场和磁场,∂_t 是时间偏导数,∇ 是哈密顿算子。

方程 2-1、2-2 展开后变为

$$\partial_t \begin{pmatrix} e_x \\ e_y \\ e_z \end{pmatrix} = \sigma^{-1}\mu^{-1} \begin{pmatrix} \partial_y\partial_y + \partial_z\partial_z & -\partial_y\partial_x & -\partial_z\partial_x \\ -\partial_y\partial_x & \partial_z\partial_z + \partial_x\partial_x & -\partial_z\partial_y \\ -\partial_x\partial_z & -\partial_y\partial_z & \partial_y\partial_y + \partial_x\partial_x \end{pmatrix} \begin{pmatrix} e_x \\ e_y \\ e_z \end{pmatrix} \tag{2-3}$$

$$\partial_t \begin{pmatrix} h_x \\ h_y \\ h_z \end{pmatrix} = \mu^{-1}\sigma^{-1} \begin{pmatrix} \partial_y\partial_y + \partial_z\partial_z & -\partial_y\partial_x & -\partial_z\partial_x \\ -\partial_y\partial_x & \partial_z\partial_z + \partial_x\partial_x & -\partial_z\partial_y \\ -\partial_x\partial_z & -\partial_y\partial_z & \partial_y\partial_y + \partial_x\partial_x \end{pmatrix} \begin{pmatrix} h_x \\ h_y \\ h_z \end{pmatrix} \tag{2-4}$$

其中,∂_x、∂_y 和 ∂_z 分别为 X 方向、Y 方向和 Z 方向的空间偏导数。

由于磁感应强度的散度为零,即 $\nabla \cdot b = 0$,有

$$\partial_x h_x + \partial_y h_y + \partial_z h_z = 0 \tag{2-5}$$

即 $\partial_x h_x = -\partial_z h_z - \partial_y h_y$,$\partial_y h_y = -\partial_z h_z - \partial_x h_x$,$\partial_z h_z = -\partial_x h_x - \partial_y h_y$,

代入方程 2-3 得到

$$\partial_t h_x = \mu^{-1}\sigma^{-1}(\partial_x\partial_x + \partial_y\partial_y + \partial_z\partial_z)h_x \tag{2-6}$$

$$\partial_t h_y = \mu^{-1}\sigma^{-1}(\partial_x\partial_x + \partial_y\partial_y + \partial_z\partial_z)h_y \tag{2-7}$$

$$\partial_t h_z = \mu^{-1}\sigma^{-1}(\partial_x\partial_x + \partial_y\partial_y + \partial_z\partial_z)h_z \tag{2-8}$$

当电流密度的散度为零时,即 $\nabla \cdot J = \nabla \cdot (\sigma E) = 0$,对电场做类似的代换,得到

$$\partial_t e_x = \mu^{-1}\sigma^{-1}(\partial_x\partial_x + \partial_y\partial_y + \partial_z\partial_z)e_x \qquad (2-9)$$

$$\partial_t e_y = \mu^{-1}\sigma^{-1}(\partial_x\partial_x + \partial_y\partial_y + \partial_z\partial_z)e_y \qquad (2-10)$$

$$\partial_t e_z = \mu^{-1}\sigma^{-1}(\partial_x\partial_x + \partial_y\partial_y + \partial_z\partial_z)e_z \qquad (2-11)$$

方程 2-6 到 2-11 具有相同的形式

$$\frac{\partial \mathbf{w}}{\partial t} = \mathbf{G}\mathbf{w} \qquad (2-12)$$

其中 **w** 是场值向量,$\mathbf{G} = \mu^{-1}\sigma^{-1}(\partial_x\partial_x + \partial_y\partial_y + \partial_z\partial_z)$,称为空间偏导数算子。

加入初始条件,便可以求解方程 2-12。若给定初始条件 $\mathbf{w}^0$,则方程 2-12 的解为

$$\mathbf{w}(t) = e^{t\mathbf{G}}\mathbf{w}^0 \qquad (2-13)$$

用 $N = N_x \times N_y \times N_z$ 个节点均匀离散方程 2-13 后得到

$$\mathbf{w}_N(t) = e^{t\mathbf{G}_N}\mathbf{w}_N^0 \qquad (2-14)$$

其中 N 为节点总数,N_x 为 X 方向剖分的节点总数,N_y 和 N_z 分别为 Y 和 Z 方向上的节点总数。我们通过选择合适的多项式近似算子 $e^{t\mathbf{G}_N}$ 就能得到方程 2-12 的数值解。

2.2　伪谱法原理

2.2.1　空间偏导数的计算

对于空间偏导数算子 **G** 中的空间偏导数,我们通过傅里叶变换来计算。对于均匀离散的函数 $u(x_j)(j=1,2,\cdots,N)$,傅里叶变换计算它的偏导数步骤如下:首先通过快速傅里叶变换把函数变换到波数域 $\tilde{u}_r(r=1,2,\cdots N)$,然后把结果乘以系数 ik_r,最后经快速傅里叶反变换把乘积变回空间域,即得到 $u(x_j)$ 的空间偏导数 $\partial_x u(x_j)$。计算过程如下:

$$u(x_j) \rightarrow FFT \rightarrow \tilde{u}_r \rightarrow ik_r\tilde{u}_r \rightarrow FFT^{-1} \rightarrow \partial_x u(x_j) \qquad (2-15)$$

其中 $k_r = \dfrac{2\pi r}{N\Delta x}$ 为空间波数,Δx 为函数 $u(x_j)$ 的剖分间隔,$i = \sqrt{-1}$ 为单位虚数,FFT 为快速傅里叶变换,FFT^{-1} 为快速傅里叶反变换。用傅里叶变换方法计算空间偏导数,理论上计算的精度是无限高的。(Carcione,2010)

2.2.2　$e^{t\mathbf{G}_N}$ 演化算子的近似

方程 2-14 的离散解的优劣取决于对演化算子 $e^{t\mathbf{G}_N}$ 近似逼近方式的优劣。

这里,我们使用切比雪夫多项式来近似演化算子 e^{tG_N},方程如下:

$$e^{tG_N} = \sum_{k=0}^{M} b_k(t) T_k(\mathbf{F}_N) \qquad (2-16)$$

其中 $M = \beta \sqrt{bt}$, $\beta = [5,6]$, $b_k(t) = c_k e^{-bt} I_k(bt)$, c_k 是系数, b 是矩阵 $\mathbf{G}_N$ 的特征值的绝对值, $I_k(bt)$ 是 k 阶贝塞尔函数。$\mathbf{F}_N = \dfrac{1}{b}(\mathbf{G}_N + b\mathbf{I})$, $\mathbf{I}$ 为单位矩阵, T_k 是 k 阶切比雪夫多项式, $T_k(x) = \cos(k \arccos x)(-1 \leqslant x \leqslant 1)$, $\arccos x$ 为反余弦函数。

将方程 2-16 代入方程 2-14 得到

$$\mathbf{w}_N(t) = e^{tG_N} \mathbf{w}_N^0 = \sum_{k=0}^{M} b_k(t) T_k(\mathbf{F}_N) \mathbf{w}_N^0 \qquad (2-17)$$

使用下列循环来计算切比雪夫多项式

$$T_k(\mathbf{F}_N) = 2\mathbf{F}_N T_{k-1}(\mathbf{F}_N) - T_{k-2}(\mathbf{F}_N), T_0(u) = 1, T_1(u) = u \quad (2-18)$$

方程 2-17 是稳定收敛的,且随 M 的增大,截断误差按照指数关系衰减 (Tal-Ezer,1989)。使用 $\Delta t = o(1/N)$ 作为伪谱法的时间稳定性条件。

2.3　源和边界条件

Oristaglio 和 Hohmann(1984)在 TEM 有限差分模型中,使用初始时刻的电磁场值作为初值条件来替代源,要求选择合适的初始时间 t_0,既要保证初始条件下取得的解是正确的,又要保证电磁场有足够多的采样点。我们使用同样的方式处理瞬变源。

TEM 扩散方程适用于无限介质,我们在有限区域的介质内模拟,就要加入边界条件。周期性的傅里叶变换自身会产生环形伪影现象,如图 2-1 所示,为消除这种非人为的干扰,我们使用了吸收边界条件。(Carcione,2006)

选取吸收因子 $\lambda(\lambda > 0)$,在模拟区域的边界上,用 $\mathbf{G}_N - \lambda\mathbf{I}$ 代替 $\mathbf{G}_N$,它的作用相当于在矩阵 $\mathbf{G}_N$ 中增加了一个负势,向内侧去,λ 逐渐减小,在边界的最外侧 λ 具有最大值。

图 2-2 显示使用吸收衰减法有效地消除了环形伪影现象,但是与在无限介质中计算得到的场值相比,吸收衰减法在边界上造成了误差。

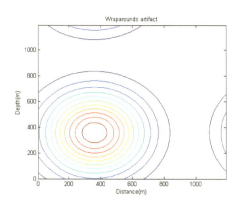

图2-1　边界上的环形伪影现象　　图2-2　使用吸收衰减法消除环形伪影现象

2.4　全空间均匀介质瞬态线源响应

全空间均匀介质的电阻率为 $100\ \Omega\cdot m$,磁导率为 $4\pi\times10^{-7}\ H/m$,介质中心为坐标原点,沿 Y 方向放置无限长导线,供以 10 A 的电流,稳定后切断电源,介质中感应出瞬变电磁场。由于对称性,这个问题可以简化为二维问题,X 和 Z 方向剖分节点 n_x、n_z 都取 120,网格间距都取 10 m。

电场 Y 分量的解析解为

$$e_y = -\frac{\mu I}{4\pi t}e^{-\theta^2\rho^2} \tag{2-19}$$

其中 $\theta^2 = \mu\sigma/4t, \rho^2 = x^2 + z^2$。

将 40 μs 时刻的线源瞬变电磁场值作为伪谱法的初始条件,计算得到不同时刻的电磁场值。图2-3为 40 μs 时刻的 YOZ 剖面的电场等值线图,电场线环绕线源对称分布。图2-4为 40 μs、100 μs 和 300 μs 时刻,沿 OY 方向上的数值解(Numerical solutions)与解析解(Analytical solutions)的对比图,两者一致性非常好,相对均方根误差分别为 0.1472、0.016 和 0.016,说明伪谱方法正确有效。随扩散时间变大,边界带上受吸收边界影响,其数值解会小于解析解。

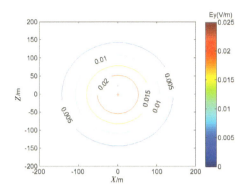
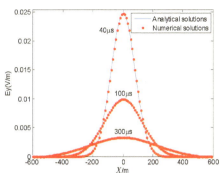

图 2 - 3　初始时刻电场 Y 分量等值线图　　　图 2 - 4　伪谱法计算结果与解析解的对比图

2.5　全空间均匀介质中低阻体和高阻体的响应特征分析

这里模拟全空间均匀介质中场的扩散,设背景电阻率为 $10\ \Omega \cdot m$,磁导率为真空磁导率 $4\pi \times 10^{-7}\ H/m$。源为磁偶极源,磁矩为 $400\ A \cdot m^2$,取中心点为坐标原点,源在原点且垂直于 YOZ 平面。先供以稳定电流,在 $t = 0$ 时刻切断电流,模拟阶跃响应。

低阻正方体位于原点正上方,边长为 80 m,电阻率为 $1\ \Omega \cdot m$,其中心点距离原点为 100 m,源下方放置形状相同的高阻体,电阻率为 $100\ \Omega \cdot m$,模型如图 2 - 5 所示。研究区域的剖分网格是 $80 \times 80 \times 80$,网格间距为 10 m,吸收边界带上取 8 个网格。

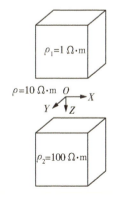
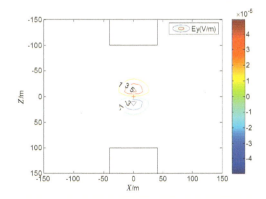

图 2 - 5　全空间模型图　　　　　图 2 - 6　初始时刻电场 Y 分量等值线断图

根据经验,取 t_0 为 14.2 μs,为保证有足够的采样点,取 t_0 为 100 μs,用初值条件替代源,计算扩散的电磁场。图 2 - 6 为初始时刻 XOZ 平面的电场 Y 分量断面图,由图可知,初始时刻的电场集中在源的附近,没有扩散进入异常体,且在 XOY 平面上下对称分布。

图2-7为不同时刻 Ey 的等值线断面图,图(a)到图(h)为从早期过渡到晚期的 Ey 等值线断面图。在早期[图2-7中的(a)(b)(c)],扩散电场遇到低阻体后受到阻碍,扩散速度变低,等值线畸变。图(c)中,电场极值等值线在低阻体中严重扭曲;而电场在高阻体中扩散速度变大,穿透高阻体的能力强,已经完全穿过高阻体,所以瞬变场对高阻体不灵敏。瞬变场随时间变化逐渐过渡到晚期,如图2-7中(d)(e)(f)(g)(h)所示。瞬变场与低阻体发生相互作用,先在低阻体低端产生明显的响应[图(d)中],即感应出了涡旋电流,然后涡流向低阻体中心移动[图(e)],最后涡流产生的电场逐渐主导整个电场的分布[图(f)(g)(h)]。虽然低阻体响应产生的二次场比一次场幅值小很多,但持续的时间较长,所以 TEM 对低阻体的分辨能力较强。综上,TEM 伪谱法可以连续计算电磁场的扩散过程及与低阻体的响应全过程,呈现丰富的时域电磁场信息。

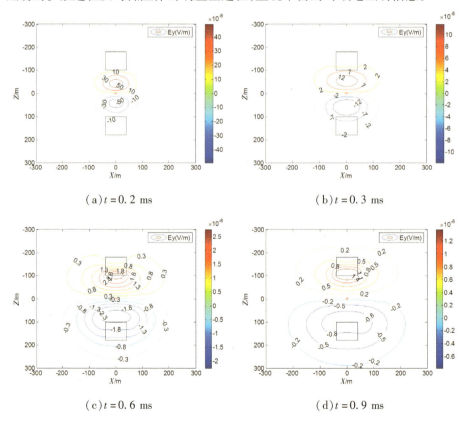

(a)$t = 0.2$ ms

(b)$t = 0.3$ ms

(c)$t = 0.6$ ms

(d)$t = 0.9$ ms

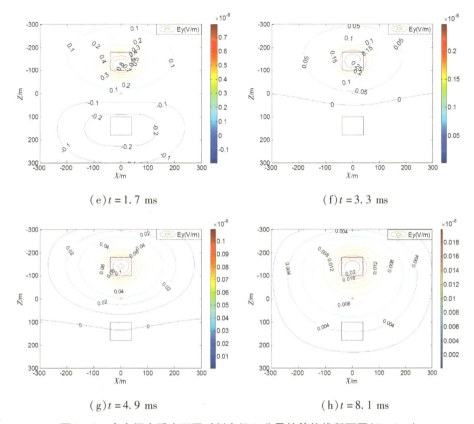

（e）$t = 1.7$ ms　　　　　　　　　　（f）$t = 3.3$ ms

（g）$t = 4.9$ ms　　　　　　　　　　（h）$t = 8.1$ ms

图 2 - 7　全空间介质中不同时刻电场 Y 分量的等值线断面图（$Y = 0$ m）

2.6　电偶源海洋 TEM 三维伪谱法算例分析

地震偏移成像法和海洋电磁法都是研究海底地质结构的重要手段。近年来的海洋勘探常常同时使用这两种方法,在一些地震偏移成像法不易分辨的区域,例如碳酸盐礁脉、盐丘、火山岩覆盖区、海底永久冻土带等,电磁方法具有明显的优势。

海底硫化矿等情况可用低阻模型模拟,在一定的情况下可以用伪谱法计算电偶源的 TEM 响应。这里设海水深 800 m,海水的电阻率为 0.33 $\Omega \cdot m$,海水下部为基岩,电阻率为 1 $\Omega \cdot m$,水平电偶极源中心距海底 100 m,基岩中埋入低阻体,电阻率为 0.05 $\Omega \cdot m$,接收点 Rx1、Rx2 与源的水平距离分别为 300 m 和 400 m,如图 2 - 8 所示。

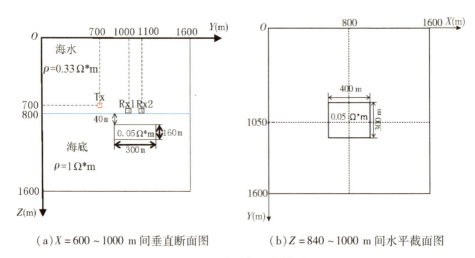

（a）$X = 600 \sim 1000$ m 间垂直断面图　　（b）$Z = 840 \sim 1000$ m 间水平截面图

图 2-8　海洋低阻体模型

代入的初始时刻为 1.9 ms,用伪谱法计算接收点 Rx2 的响应,Hz 随时间的变化曲线如图 2-9 所示。在早期,磁场在低阻体内的扩散速度相对较小,且衰减相对较慢,接收点采集到的响应磁场小于背景场;到晚期,由于低阻体响应产生的二次场占优,接收点的总场大于背景场,总场减去背景场后得到的结果称为异常场。在晚期,异常场变号,到达极大值后缓慢衰减。

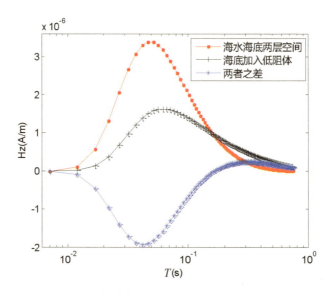

图 2-9　接收点 Rx2 的 Hz 随时间的变化曲线

在海底平行 X 轴($Y = 1000$ m)方向通过接收点 2 的测线上,异常场随空间和时间的变化曲线如图 2 – 10 所示。图中,0.052 s 和 0.102 s 时刻的异常场峰值是海水中扩散的电磁场产生的。在 0.197 s 时刻,低阻体的边界在海底的投影处($X = 600$ m 和 1000 m 点)出现变号现象,异常场的极值主要分布在低阻体的正上方。到晚期,在 $t = 0.347$ s 时刻低阻体的正上方的异常场出现峰值,然后缓慢衰减,这就是低阻体响应的特点。

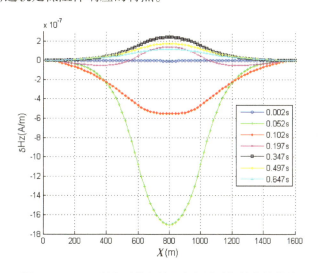

图 2 – 10　Rx2 所在测线上的异常场随时间的变化曲线

2.7　小结

本章给出伪谱法(PSM)模拟三维全空间瞬变电磁的原理,计算和分析全空间均匀介质中高阻体和低阻体的响应,计算海洋中瞬变电偶源激励的低阻体响应,说明时间域伪谱法的特点。伪谱法的优势是计算的效率高、计算结果的精度高,潜在的应用领域是海洋瞬变电磁法和矿井瞬变电磁法。如果改进导数的计算方法,适当地加入地表空气边界,就能应用于计算地面瞬变电磁场。

第三章　TEM 三维交错采样有限差分数值模拟理论

3.1　麦克斯韦方程组

忽略位移电流,在各向同性、无源介质中,时间域麦克斯韦方程组为

$$-\mu \frac{\partial \mathbf{h}}{\partial t} = \nabla \times \mathbf{e} \tag{3-1}$$

$$\sigma \mathbf{e} = \nabla \times \mathbf{h} \tag{3-2}$$

$$\nabla \cdot \mathbf{b} = 0 \tag{3-3}$$

$$\nabla \cdot \mathbf{j} = 0 \tag{3-4}$$

$$\mathbf{b} = \mu \mathbf{h} \tag{3-5}$$

$$\mathbf{j} = \sigma \mathbf{e} \tag{3-6}$$

其中 $\mathbf{e}$ 和 $\mathbf{h}$ 分别表示电场和磁场,$\mathbf{b}$ 是磁感应强度,σ 是电导率,μ 是磁导率,$\frac{\partial}{\partial t}$ 是对时间的导数,$\mathbf{j}$ 是电流密度。(Wang 和 Hohmann,1993)

方程 3 - 1 到方程 3 - 4 并不互相独立,方程 3 - 3 可由方程 3 - 1 推导出来。Wang 指出在正演过程中,需要加入方程 3 - 3,即磁感应强度的散度为零,否则晚期的计算结果是不准确的。

由方程 3 - 1 得到

$$-\frac{\partial b_x}{\partial t} = \frac{\partial e_z}{\partial y} - \frac{\partial e_y}{\partial z} \tag{3-7}$$

$$-\frac{\partial b_y}{\partial t} = \frac{\partial e_x}{\partial z} - \frac{\partial e_z}{\partial x} \tag{3-8}$$

由方程 3 - 3 得到

$$\frac{\partial b_z}{\partial z} = -\frac{\partial b_x}{\partial x} - \frac{\partial b_y}{\partial y} \tag{3-9}$$

Du Fort-Frankel 法应用于时域交错采样有限差分法的本质是直接应用双曲线项到抛物线方程中,但要保证假想波场的速度慢于有限差分法模拟产生的

场,这里需要修正方程 3 – 2,即在保证场扩散性之下,人为增加一项。修正后的方程变为

$$\sigma\mathbf{e} + \gamma\frac{\partial\mathbf{e}}{\partial t} = \nabla\times\mathbf{h} \qquad (3-10)$$

其中 γ 为系数,增加的一项类似于人工产生的位移电流,选择合适的 γ,就能得到稳定的时步迭代解。

由方程 3 – 10 得到

$$\gamma\frac{\partial e_x}{\partial t} + \sigma e_x = \frac{\partial h_z}{\partial y} - \frac{\partial h_y}{\partial z} \qquad (3-11)$$

$$\gamma\frac{\partial e_y}{\partial t} + \sigma e_y = \frac{\partial h_x}{\partial z} - \frac{\partial h_z}{\partial x} \qquad (3-12)$$

$$\gamma\frac{\partial e_z}{\partial t} + \sigma e_z = \frac{\partial h_y}{\partial x} - \frac{\partial h_x}{\partial y} \qquad (3-13)$$

3.2　模型离散化

使用 Yee 氏交错采样网格离散化电场和磁场,在空间上交错采样,在时间上交替抽样,如图 3 – 1、3 – 2 所示。对方程 3 – 7、3 – 8、3 – 9、3 – 11、3 – 12、3 – 13 离散化后,即可进行变换得到时间分步法的迭代公式。

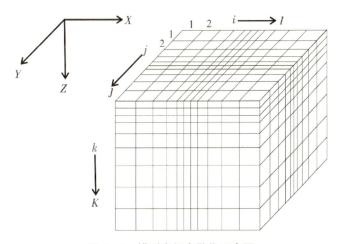

图 3 – 1　模型空间离散化示意图

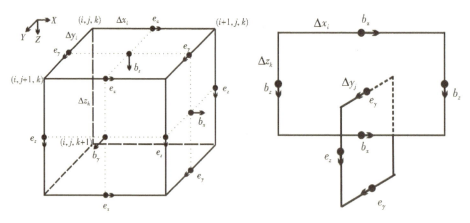

图 3 - 2   电磁场交错网格采样

采用笛卡尔坐标系，i、j、k 分别表示网格节点在 X、Y、Z 方向上的坐标号。源和目标体附近采用小的剖分间距，随着到源的距离的变大，网格剖分间距变大，这是因为扩散的电磁场在源附近变化剧烈，随时间增大向远处扩散，衰减较快，并且逐渐变得平稳。

图 3 - 2 中，在棱柱边缘的中点对电场采样，在棱柱面的中心点对磁场采样。如此，得到的每一个电场分量的周围有四个磁场分量环绕，形成磁场回路，符合法拉第电磁感应定律；同样，每一个磁场分量的周围有四个电场分量环绕，形成电场回路，符合安培环路定律。这种空间采样方式既满足法拉第电磁感应定律和安培环路定律的自然结构，又适合于麦克斯韦方程组的差分计算，能够描述电磁场的传播特性，并有效避免了边界上电磁场分量的不连续问题。

电场和磁场在时间上交替抽样，磁场比电场多半个时间步长，从而使得离散以后的麦克斯韦方程组构成显式差分方程组，不需要进行矩阵求逆运算，就能直接在时间上进行迭代求解。

用 $t_0, t_1, \cdots, t_{n-1}, t_n$ 分别表示各个时刻的时间值，时间步长 $\Delta t_n = t_{n+1} - t_n$，在时间的整数处确定电场，在半整数处确定磁场。

电磁场分量在空间和时间的采样点如表 3 - 1。

表 3-1　电磁场分量在空间和时间的采样点

电磁场分量		空间分量采样			时间 t 采样
		X 轴	Y 轴	Z 轴	
e 节点	e_x	$i+1/2$	j	k	n
	e_y	i	$j+1/2$	k	
	e_z	i	j	$k+1/2$	
b 节点	b_x	i	$j+1/2$	$k+1/2$	$n+1/2$
	b_y	$i+1/2$	j	$k+1/2$	
	b_z	$i+1/2$	$j+1/2$	k	

3.3　交错采样有限差分时间分步法迭代公式推导

有限差分法是用离散的差分方程代替连续的微分方程,建立差分方程的步骤是把原方程离散化,用差商代替微分方程中的微商。这里,约定符号 $b_x^{n+1/2}$ $(i,j+1/2,k+1/2)$ 表示 $t_{n+1/2}$ 时刻空间点 $(i,j+1/2,k+1/2)$ 的磁感应强度 X 分量, $e_x^{n+1}(i+1/2,j,k)$ 表示 t_{n+1} 时刻空间点 $(i+1/2,j,k)$ 的电场 X 分量,其他各分量的含义相似。

3.3.1　电场三分量时间分步法迭代公式

电场的时间偏导数用中心差分代替

$$\left(\frac{\partial e_x}{\partial t}\right)^{n+1/2} \approx \frac{e_x^{n+1} - e_x^n}{\Delta t_n} \qquad (3-14)$$

$$\left(\frac{\partial e_y}{\partial t}\right)^{n+1/2} \approx \frac{e_y^{n+1} - e_y^n}{\Delta t_n} \qquad (3-15)$$

$$\left(\frac{\partial e_z}{\partial t}\right)^{n+1/2} \approx \frac{e_z^{n+1} - e_z^n}{\Delta t_n} \qquad (3-16)$$

电场在时间 $n+1/2$ 处的值用平均值计算

$$e_x^{n+1/2} = \left(\frac{e_x^{n+1} + e_x^n}{2}\right) \qquad (3-17)$$

$$e_y^{n+1/2} = \left(\frac{e_y^{n+1} + e_y^n}{2}\right) \qquad (3-18)$$

$$e_z^{n+1/2} = \left(\frac{e_z^{n+1} + e_z^n}{2}\right) \qquad (3-19)$$

分别代入方程 3 - 11、3 - 12、3 - 13 得到电场三分量的时间分步法迭代公式。

电场 X 分量的迭代公式为：

$$e_x^{n+1}(i+1/2,j,k)$$

$$= \frac{2\gamma - \Delta t_n\sigma(i+1/2,j,k)}{2\gamma + \Delta t_n\sigma(i+1/2,j,k)}e_x^n(i+1/2,j,k) + \frac{2\Delta t_n}{2\gamma + \Delta t_n\sigma(i+1/2,j,k)}$$

$$\times\left[\frac{h_z^{n+1/2}(i+1/2,j+1/2,k) - h_z^{n+1/2}(i+1/2,j-1/2,k)}{(\Delta y_j + \Delta y_{j-1})/2}\right.$$

$$\left. - \frac{h_y^{n+1/2}(i+1/2,j,k+1/2) - h_y^{n+1/2}(i+1/2,j,k-1/2)}{(\Delta z_k + \Delta z_{k-1})/2}\right] \qquad (3-20)$$

其中 Δy_j、Δz_k 分别为 Y、Z 方向的空间剖分间距。其中，$\sigma(i+1/2,j,k)$ 是与磁力线圈相关的四个棱柱体的平均电导率。

$$\sigma(i+1/2,j,k) = \sum_{p=0}^{1}\sum_{q=0}^{1}\sigma(i,j-p,k-q)w(i,j-p,k-q) \qquad (3-21)$$

w 是磁力线圈剪切的棱柱面与总回路面积的比。

电场 Y 分量的迭代公式为：

$$e_y^{n+1}(i,j+1/2,k)$$

$$= \frac{2\gamma - \Delta t_n\sigma(i,j+1/2,k)}{2\gamma + \Delta t_n\sigma(i,j+1/2,k)}e_y^n(i,j+1/2,k) + \frac{2\Delta t_n}{2\gamma + \Delta t_n\sigma(i,j+1/2,k)}$$

$$\times\left[\frac{h_x^{n+1/2}(i,j+1/2,k+1/2) - h_x^{n+1/2}(i,j+1/2,k-1/2)}{(\Delta z_k + \Delta z_{k-1})/2}\right.$$

$$\left. - \frac{h_z^{n+1/2}(i+1/2,j+1/2,k) - h_z^{n+1/2}(i-1/2,j+1/2,k)}{(\Delta x_i + \Delta x_{i-1})/2}\right] \qquad (3-22)$$

其中 Δx_i 为 X 方向的空间剖分间距。

$$\sigma(i,j+1/2,k) = \sum_{p=0}^{1}\sum_{q=0}^{1}\sigma(i-p,j,k-q)w(i-p,j,k-q) \qquad (3-23)$$

w 是磁力线圈剪切的棱柱面与总回路面积的比。

电场 Z 分量的迭代公式为：

$$e_z^{n+1}(i,j,k+1/2)$$

$$= \frac{2\gamma - \Delta t_n\sigma(i,j,k+1/2)}{2\gamma + \Delta t_n\sigma(i,j,k+1/2)}e_y^n(i,j,k+1/2) + \frac{2\Delta t_n}{2\gamma + \Delta t_n\sigma(i,j,k+1/2)}$$

$$\times\left[\frac{h_y^{n+1/2}(i+1/2,j,k+1/2) - h_y^{n+1/2}(i-1/2,j,k-1/2)}{(\Delta x_i + \Delta x_{i-1})/2}\right.$$

$$-\frac{h_x^{n+1/2}(i,j+1/2,k+1/2)-h_x^{n+1/2}(i,j-1/2,k+1/2)}{(\Delta y_j+\Delta y_{j-1})/2}\Bigg] \qquad (3-24)$$

其中

$$\sigma(i,j,k+1/2)=\sum_{p=0}^{1}\sum_{q=0}^{1}\sigma(i-p,j-q,k)w(i-p,j-q,k) \qquad (3-25)$$

w 是磁力线圈剪切的棱柱面与总回路面积的比。

3.3.2　磁感应强度三分量时间分步法迭代公式

对方程 3 - 7 积分得到

$$-\iint\frac{\partial b_x}{\partial t}=\oint(\mathbf{e}\times\mathbf{u}_x)\cdot d\mathbf{l} \qquad (3-26)$$

这里,$\mathbf{u}_x$ 是 X 轴的单位向量,$\mathbf{l}$ 是 YZ 平面的电场回路。

对方程 3 - 8 积分得到

$$-\iint\frac{\partial b_y}{\partial t}=\oint(\mathbf{e}\times\mathbf{u}_y)\cdot d\mathbf{l} \qquad (3-27)$$

这里,$\mathbf{u}_y$ 是 X 轴的单位向量,$\mathbf{l}$ 是 XZ 平面的电场回路。

磁感应强度的时间偏导数用中心差分代替

$$\left(\frac{\partial b_x}{\partial t}\right)^n\approx\frac{b_x^{n+1/2}-b_x^{n-1/2}}{(\Delta t_{n-1}+\Delta t_n)/2} \qquad (3-28)$$

$$\left(\frac{\partial b_y}{\partial t}\right)^n\approx\frac{b_y^{n+1/2}-b_y^{n-1/2}}{(\Delta t_{n-1}+\Delta t_n)/2} \qquad (3-29)$$

分别代入方程 3 - 7 和 3 - 8 得到磁感应强度三分量的时间分步法迭代公式。

磁感应强度 X 分量的迭代公式为:

$$b_x^{n+1/2}(i,j+1/2,k+1/2)$$

$$=b_x^{n-1/2}(i,j+1/2,k+1/2)-\frac{\Delta t_{n-1}+\Delta t_{n+1}}{2}$$

$$\times\left[\frac{e_z^n(i,j+1,k+1/2)-e_z^n(i,j,k+1/2)}{\Delta y_j}-\frac{e_y^n(i,j+1/2,k+1)-e_y^n(i,j+1/2,k)}{\Delta z_k}\right]$$

$$(3-30)$$

磁感应强度 Y 分量的迭代公式为:

$$b_y^{n+1/2}(i+1/2,j,k+1/2)$$

$$= b_y^{n-1/2}(i+1/2,j,k+1/2) - \frac{\Delta t_{n-1} + \Delta t_{n+1}}{2}$$

$$\times \left[\frac{e_x^n(i+1/2,j,k+1) - e_x^n(i+1/2,j,k)}{\Delta x_i} - \frac{e_z^n(i+1,j,k+1/2) - e_z^n(i,j,k+1/2)}{\Delta z_i} \right]$$

$$(3-31)$$

得到磁感应强度的 X、Y 分量后,可以直接计算磁感应强度的 Z 分量。

由方程 3-9 得到磁感应强度 Z 分量的迭代公式为:

$$\frac{b_z^{n+1/2}(i+1/2,j+1/2,k+1) - b_z^{n+1/2}(i+1/2,j+1/2,k)}{\Delta z_k}$$

$$= -\frac{b_x^{n+1/2}(i+1,j+1/2,k+1/2) - b_x^{n+1/2}(i,j+1/2,k+1/2)}{\Delta x_i}$$

$$- \frac{b_y^{n+1/2}(i+1/2,j+1,k+1/2) - b_y^{n+1/2}(i+1/2,j,k+1/2)}{\Delta y_j} \quad (3-32)$$

整理后得到

$$b_z^{n+1/2}(i+1/2,j+1/2,k)$$

$$= b_z^{n+1/2}(i+1/2,j+1/2,k+1)$$

$$+ \Delta z_k \frac{b_x^{n+1/2}(i+1,j+1/2,k+1/2) - b_x^{n+1/2}(i,j+1/2,k+1/2)}{\Delta x_i}$$

$$+ \Delta z_k \frac{b_y^{n+1/2}(i+1/2,j+1,k+1/2) - b_y^{n+1/2}(i+1/2,j,k+1/2)}{\Delta y_j} \quad (3-33)$$

方程 3-33 的迭代要从剖分区域的底边逐步向上计算。

这里,磁感应强度和磁场之间的变换采用如下公式:

$$h_z(i+1/2,j+1/2,k)$$

$$= b_z(i+1/2,j+1/2,k)/\mu(i+1/2,j+1/2,k) \quad (3-34)$$

其中 μ 为平均磁导率

$$\mu(i+1/2,j+1/2,k)$$

$$= \frac{\Delta z_{k-1}\mu(i,j,k-1) + \Delta z_k\mu(i,j,k)}{\Delta z_{k-1} + \Delta z_k} \quad (3-35)$$

3.4 数值稳定性分析

上述的显式有限差分方程组,通过时间分步法迭代来模拟电磁场在时空内的扩散规律,存在稳定性问题,要求时间步长和空间步长满足一定的条件。对于时步迭代公式 3 - 20、3 - 22、3 - 24、3 - 30、3 - 31、3 - 33,根据 Taflove(1975)
对 Yee 差分格式的讨论,如果满足下列条件,则它们就是共轭的、稳定的:

$$\gamma \geqslant \frac{3}{\mu_{min}}\left(\frac{\Delta t_n}{\Delta_{min}}\right)^2 \tag{3 - 36}$$

其中 Δ_{min} 是最小的网格剖分间距,μ_{min} 是磁导率的最小值。

由方程 3 - 1 和 3 - 11 确定的波场的相速度为

$$v = \frac{1}{\sqrt{\mu\gamma}} \tag{3 - 37}$$

将 3 - 36 中的 γ 代入 3 - 37 得到

$$v \leqslant \frac{\Delta_{min}}{\sqrt{3}\,\Delta t_n}\sqrt{\frac{\mu_{min}}{\mu}} \leqslant \frac{\Delta_{min}}{\sqrt{3}\,\Delta t_n} \tag{3 - 38}$$

这就是波方程的 Courant-Friedrichs-Lewy 条件,不一样的地方是这里的时间
步长是可变的。

方程 3 - 11 中的 $\gamma\dfrac{\partial e_x}{\partial t}$ 相当于位移电流项,在非极化介质中,γ 可能很大,为
了避免出现假的位移电流项,我们限制时间步长

$$\Delta t_n \ll \left(\frac{\mu_{min}\sigma t}{6}\right)^{1/2}\Delta_{min} \tag{3 - 39}$$

这里的 σ 为剖分区域的最小电导率值,在编程计算时,使用的时间步长为

$$\Delta t_{min} = \alpha\left(\frac{\mu_{min}\sigma t}{6}\right)^{1/2}\Delta_{min} \tag{3 - 40}$$

其中 α 的取值范围为 0.1 ~ 0.2,根据所要求的精度来取,α 的取值越小,时
间步长就越小,计算的结果精度越高,计算量也越大。由方程 3 - 40 可知,时间
步长是随时间 t 的增大而增大的。

如果电磁波的传播速度和频率相关,就会产生色散现象。由于 FDTD 用近
似的方法处理麦克斯韦旋度方程,用计算机模拟电磁波扩散,所以可能会出现
色散现象,这种非物理的色散现象称为数值色散。色散问题是 FDTD 法的一个
重要问题,需要加以考虑,以提高计算精度。

对电磁波扩散来说,随时间推移,高频部分因吸收而衰减,空间场变得平
滑,色散现象容易发生在早期。对于空间偏导数的近似,较高阶的算法更能有
效压制数值色散。所以,早期可以使用四阶差分近似空间偏导数来压制数值色

散。与使用二阶差分近似空间偏导数比较,这样做会降低计算效率,但能提高早期扩散场的计算精度。

3.5　初始时间

为了避免源附近的异常,取适合的初始时间,在 $t = t_0 > 0$ 时刻,用源响应的解析解做初始条件替代源,把源响应问题转化为初值问题。Hohmann 已经将这种思想应用到了二维、三维的有限差分模拟中。

分别计算 t_0 时刻的电场各分量的值、$t_0 + \Delta t_0 / 2$ 时刻各磁感应强度分量的值,把它们作为初值条件,其中 Δt_0 为初始的时间步长。在早期,感应场主要集中在地表,假定地表是各向同性的,可以用数值方法计算地表电磁场的解析解。初始时间选择要适当,既要使得均匀半空间的解是有效的,又要使得场有足够多的采样点。

使用的经验公式为

$$t_0 = 1.13 \mu_1 \sigma_1 \Delta_{min}^2 \qquad (3-41)$$

其中 μ_1、σ_1 分别为地表的磁导率和电导率。这里的 t_0 相当于磁偶极子的等效电流线穿过 $1.5\Delta_{min}$ 的深度所需要的时间。

3.6　边界条件

为保证解的唯一性,在所有地下边界使用狄利克雷边界条件。由于地表上方是空气层,需要特殊考虑空气地表边界条件。

3.6.1　地下边界条件

理想的网格应当是随时间自动变化的,因为早期响应的网格要小于晚期的,并且电阻率较小或者源较大时需要一个大的网格,为了简化问题,我们使用固定但依赖于模型的网格。

我们采用较大的剖分网格,使地下边界离源足够远,这时各向同性的狄利克雷条件是真实辐射条件的很好的近似。应用狄利克雷条件,在地下边界设定正切的电场分量和法向的磁场分量为零。

3.6.2　地表边界条件

在计算地表的电磁场时,必须考虑空气层的影响。直接加入空气层的话,由方程 3 - 40 计算得到的时间步长为零。为避免这个问题,沿用 Oristaglio 和 Hohmann(1984)的做法,用地表向上延拓的方法来近似模型空气大地边界条件。

自由空间的磁感应强度满足拉普拉斯方程

$$\nabla^2 \mathbf{b} = 0 \tag{3 - 42}$$

根据上式,磁感应强度的水平分量可以由和它同一平面的垂直分量得到。在频率域,有如下方程

$$B_x(u, v, z = 0) = -\frac{iu}{\sqrt{u^2 + v^2}} B_z(u, v, z = 0) \tag{3 - 43}$$

$$B_y(u, v, z = 0) = -\frac{iv}{\sqrt{u^2 + v^2}} B_z(u, v, z = 0) \tag{3 - 44}$$

其中 B_x、B_y、B_z 分别为 b_x、b_y、b_z 的傅里叶变换,u、v 对应空间域的 x、y。

B_x 和 B_y 在自由空间的连续方程为

$$B_x(u, v, z = -h) = \exp(-h\sqrt{u^2 + v^2}) B_x(u, v, z = 0) \tag{3 - 45}$$

$$B_y(u, v, z = -h) = \exp(-h\sqrt{u^2 + v^2}) B_y(u, v, z = 0) \tag{3 - 46}$$

将方程 3 - 45、3 - 46 代入方程 3 - 43、3 - 44 得到

$$B_x(u, v, z = -h) = -\frac{iu}{\sqrt{u^2 + v^2}} \exp(-h\sqrt{u^2 + v^2}) B_z(u, v, z = 0) \tag{3 - 47}$$

$$B_y(u, v, z = -h) = -\frac{iv}{\sqrt{u^2 + v^2}} \exp(-h\sqrt{u^2 + v^2}) B_z(u, v, z = 0) \tag{3 - 48}$$

方程 3 - 47、3 - 48 的计算过程如下:先在地表不均匀网格中用插值法计算均匀网格的 b_z,然后通过做傅里叶变换,进行相关的乘法运算,将结果做反傅里叶变换即得到空间域中空气层的 b_x、b_y。

傅里叶算法要求变换的数据和变换域的数据都是等间隔抽样的。实际中的数据通常不是等间隔的,需要做变换处理。通常使用插值的方法将不等间隔的数据变为等间隔的数据。

常用的插值方法包括最近邻插值法、牛顿均差插值法、拉格朗日插值法和三次样条插值法等。最近邻插值法把该点的值取为四个相邻格点中最近点的灰度值,虽然简单快速,但容易引起较大的误差。拉格朗日插值法和牛顿插值法适用于等距节点下的牛顿向前(后)插值。

　　三次样条插值法得到的插值曲线光滑，并且过节点一阶二阶可导。该方法不仅插值次数少，误差较小，而且在计算过程中误差会慢慢变小，所以稳定性较强。本书使用的傅里叶变换是二维变换，使用双三次样条插值。双三次样条插值函数的插值过程是，首先沿着 X 和 Y 方向分别建立三次样条函数，然后通过对三次样条函数的求解得到二维方向的拟合数值。

3.7　小结

　　本章从麦克斯韦方程组出发，详细推导了瞬变电磁法时域交错采样有限差分法（FDTD）的时间分步法迭代公式，在地下边界使用狄利克雷边界条件，用地表向上延拓的方法来近似模型大地空气边界，就可以进行 TEM 的正演模拟。

　　由于源不能简单地代入迭代公式，用源响应的解析解做初始条件替代源，把源响应问题转化为边值问题。初始条件要求地表一定的范围内是均匀介质。这些是时域有限差分法推广应用的限制条件。

第四章　TEM 三维有限差分法正演响应特征与算例分析

正演是反演的基础,本章计算几个地电模型的响应,并验证正演算法的准确性,为反演打好基础。

4.1　初始条件

在瞬变电磁勘探中,用阶跃电流发射时,测得的磁感应强度就是阶跃响应。由于实际中接收线圈测的是感应电动势,即磁感应强度的时间负导数,所以接收线圈测的感应电动势就等效于脉冲响应。

进行时间分步法的交错采样有限差分迭代时,需要给出初始时刻的电磁场,把源响应问题转化为边值问题。

对于垂直磁偶极源,其频率域的电场表达式为

$$E_{\phi}(\omega) = \frac{-i\omega\mu M_z}{2\pi} \int_0^{\infty} \frac{\lambda^2}{\lambda + \lambda_1} e^{-z\lambda_1} J_1(\lambda r) d\lambda \qquad (4-1)$$

其中 $\lambda_1 = (\lambda^2 + \mu\sigma S)^{1/2}(S = -i\omega)$,$J_1(\lambda r)$ 为一阶贝塞尔函数,M_z 为磁矩。

利用拉氏变换将结果变换到时间域,得到阶跃响应的电场表达式为

$$E_{\phi}(t) = \frac{M_z}{2\pi\sigma} \int_0^{\infty} \lambda^2 \left\{ \frac{e^{-\frac{z^2}{4t^*} - \lambda^2 t^*}}{\sqrt{\pi t^*}} - \lambda e^{\lambda z} erfc\left(\frac{z}{2\sqrt{t^*}} + \lambda\sqrt{t^*} \right) \right\} J_1(\lambda r) d\lambda$$

$$(4-2)$$

其中 $t^* = \frac{t}{\mu\sigma}$,余数据拟合差 $erfc(x) = 1 - erf(x) = 1 - \frac{2}{\sqrt{\pi}} \int_0^x e^{-t^2} dt$。

方程 4-2 可以由汉克尔变换计算,代入初始时间 t_0,即可计算得到初始时刻的电场值。在均匀半空间介质中,垂直谐变偶极子场源响应的垂直电场分量为零,在时间域,即 $e_z = 0$。

由方程 3-7、3-8 可分别求得磁感应强度各分量的时间导数,即磁场脉冲

响应：

$$-\frac{\partial b_x}{\partial t} = -\frac{\partial e_y}{\partial z} \qquad (4-3)$$

$$-\frac{\partial b_y}{\partial t} = \frac{\partial e_x}{\partial z} \qquad (4-4)$$

$$-\frac{\partial b_z}{\partial t} = -\frac{\partial e_x}{\partial y} + \frac{\partial e_y}{\partial x} \qquad (4-5)$$

电场脉冲响应可由方程 3 - 2 得到

$$\sigma e_x = \frac{\partial h_z}{\partial y} - \frac{\partial h_y}{\partial z} \qquad (4-6)$$

$$\sigma e_y = \frac{\partial h_x}{\partial z} - \frac{\partial h_z}{\partial x} \qquad (4-7)$$

$$\sigma e_z = \frac{\partial h_y}{\partial x} - \frac{\partial h_x}{\partial y} \qquad (4-8)$$

即

$$e_x = \frac{1}{\sigma\mu}\left(\frac{\partial b_z}{\partial y} - \frac{\partial b_y}{\partial z}\right) \qquad (4-9)$$

$$e_y = \frac{1}{\sigma\mu}\left(\frac{\partial b_x}{\partial z} - \frac{\partial b_z}{\partial x}\right) \qquad (4-10)$$

$$e_z = \frac{1}{\sigma\mu}\left(\frac{\partial b_y}{\partial x} - \frac{\partial b_x}{\partial y}\right) \qquad (4-11)$$

通过方程 4 - 3、4 - 4、4 - 5、4 - 9、4 - 10、4 - 11 即可计算得到 t_0 时刻的电场值和 $t_0 + \Delta t_0/2$ 时刻的磁感应强度值，把初始时刻的电磁场值作为初值条件。

4.2　均匀半空间模型

均匀半空间的电阻率为 100 Ω·m，地表剖分网格的中心取为坐标原点，发射线圈中心位于原点，大小为 10 m×10 m，X、Y 和 Z 方向的剖分网格单元数分别为 82、82 和 41，最小网格间距为 10 m，计算区域为 820 m×820 m×410 m，初始时间为 0.02 ms，最大延迟时间为 0.8 ms。

根据 Kaufman 和 Keller(1983)的推导，当偶极源和接收装置都位于地表时，解具有解析表达式，磁场脉冲响应为

$$\frac{\partial h_z}{\partial t} = \frac{m}{2\pi\mu_0\sigma_0\rho^5}\left[9erf(\theta\rho) - \frac{2\theta\rho}{\sqrt{\pi}}(9 + 6\theta^2\rho^2 + 4\theta^4\rho^4)e^{-\theta^2\rho^2}\right] \qquad (4-12)$$

其中 $\theta = \left(\dfrac{\mu_0 \sigma}{4t}\right)^{1/2}$，$\rho = \sqrt{x^2 + y^2}$，$erf(x) = \dfrac{2}{\sqrt{\pi}} \displaystyle\int_0^x e^{-t^2} dt$ 为数据拟合差。

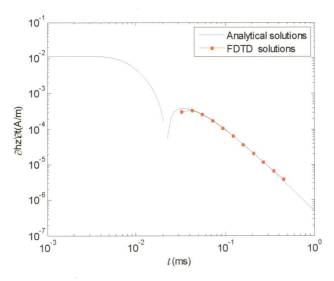

图 4 - 1　距离源 100 m 处的垂直磁场导数随时间的变化曲线，实线为正值，虚线为负值

在 X 轴上距离源中心点 100 m 处，根据解析公式和有限差分法分别计算磁场脉冲响应，两者的结果对比图如图 4 - 1 所示。蓝色虚线为负的幅值，实线为正的幅值，除早期的几个时间点之外，其他点的最大相对误差小于 5%，两者的一致性非常好。由于使用狄利克雷边界条件，当延迟时间变大时就要增大剖分区域。

4.3　FDTD 算法验证

这里用交错采样有限差分法计算一维层状模型的 TEM 响应，并与频率域变换到时间域的计算结果进行对比验证。

设半径为 a 的圆回线位于 n 层水平层状介质表面，且在其中通入谐变电流 $I_0 e^{-i\omega t}$，各层厚度为 $h_1, h_2, \cdots, h_n \to \infty$，各层电阻率为 $\rho_1, \rho_2, \cdots, \rho_n$。建立柱坐标系，原点位于回线中心，$Z$ 轴垂直向下。通过求解标量赫兹势的亥姆霍兹方程 $\nabla^2 F - k^2 F = 0$，可得到电磁场分量表达式：

$$E_\varphi = i\omega\mu_0 I_0 a \int_0^\infty \frac{Z^{(1)}}{Z^{(1)} + Z_0} J_1(\lambda a) J_1(\lambda r) d\lambda \qquad (4 - 13)$$

$$H_r = - I_0 a \int_0^\infty \frac{Z^{(1)}\lambda}{Z^{(1)} + Z_0} J_1(\lambda a) J_1(\lambda r) d\lambda \qquad (4-14)$$

$$H_z = I_0 a \int_0^\infty \frac{Z^{(1)}\lambda}{Z^{(1)} + Z_0} J_1(\lambda a) J_0(\lambda r) d\lambda \qquad (4-15)$$

当为中心回线装置时：

$$E_\varphi = H_r = 0 \qquad (4-16)$$

$$H_z = I_0 a \int_0^\infty \frac{\lambda Z^{(1)}}{Z^{(1)} + Z_0} J_1(\lambda a) d\lambda \qquad (4-17)$$

$$\frac{dB_z}{dt} = - i\omega\mu_0 I_0 a \int_0^\infty \frac{\lambda Z^{(1)}}{Z^{(1)} + Z_0} J_1(\lambda a) d\lambda \qquad (4-18)$$

式中 $Z^{(1)} = Z_1 \dfrac{Z^{(2)} + Z_1 th(u_1 h_1)}{Z_1 + Z^{(2)} th(u_1 h_1)}$，其中 Z_1、Z、u_1 可由以下各式给出：

$$Z_j = - \frac{i\omega\mu_0}{u_j}, u_1 = \sqrt{\lambda^2 + k_1^2}, k_1^2 = - i\omega\sigma\mu \quad (j=1,2,3,\cdots,n) \quad (4-19)$$

$$Z^{(j)} = Z_j \frac{Z^{(j+1)} + Z_j th(u_j h_j)}{Z_j + Z^{(j+1)} th(u_j h_j)}, Z^{(n)} = Z_n \qquad (4-20)$$

我们使用数字滤波法计算层状模型的频率域响应，然后使用折线逼近法做频率域到时间域的转换，将频率域的结果变换到时间域。在阶跃波激励条件下，频率域中电磁场量 $E(\omega)$、$H(\omega)$ 与时间域中电磁场量 $E(t)$、$H(t)$ 的对应关系为：

$$H(t) = \frac{1}{2\pi} \int_{-\infty}^\infty \frac{H(\omega)}{-i\omega} e^{-i\omega t} d\omega \qquad (4-21)$$

$$\frac{\partial H(t)}{\partial t} = \frac{1}{2\pi} \int_{-\infty}^\infty \frac{\frac{\partial H(\omega)}{\partial t}}{-i\omega} e^{-i\omega t} d\omega \qquad (4-22)$$

$$E(t) = \frac{1}{2\pi} \int_{-\infty}^\infty \frac{E(\omega)}{-i\omega} e^{-i\omega t} d\omega \qquad (4-23)$$

我们选取典型的四种模型：低阻夹层模型（H）、高阻夹层模型（K）、电阻率递增模型（A）、电阻率递减模型（Q）。回线源为 $110\ m \times 110\ m$，中心点记录垂直感应电动势（Vertical emf）。图 4-2 为这四个模型的 FDTD 计算结果与频率域转换到时间域计算结果的对比图，四种模型的两种计算结果的一致性非常好。

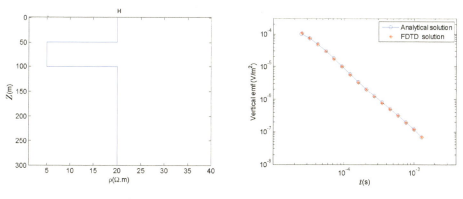

（a）低阻夹层模型（H）及回线中心点的响应对比图

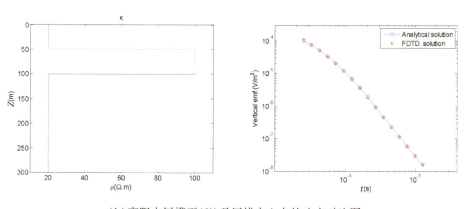

（b）高阻夹层模型（K）及回线中心点的响应对比图

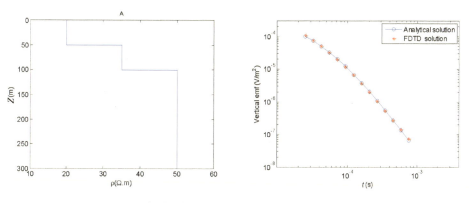

（c）电阻率递增模型（A）及回线中心点的响应对比图

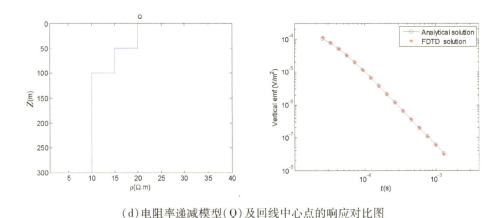

(d)电阻率递减模型(Q)及回线中心点的响应对比图

图 4 - 2　四种层状模型的 FDTD 计算结果与频率域转换到时间域计算结果的对比图

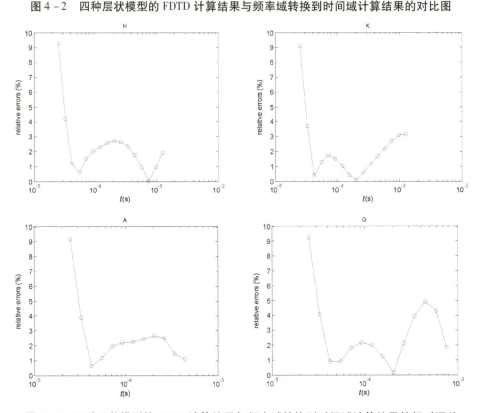

图 4 - 3　四种层状模型的 FDTD 计算结果与频率域转换到时间域计算结果的相对误差

　　图 4 - 3 为 FDTD 计算结果与频率域转换到时间域计算结果的相对误差。可以看出 FDTD 解与理论解吻合较好,在早期两者相对误差约 9% ,之后均小于 5% ,由于扩散场在早期的变化剧烈,所以早期的误差大于晚期的误差。到晚期出现的误差变大现象(K、Q),是受边界条件的影响所致。尤其是 K(高阻夹层)

型模型,中间高阻层电阻率较大,电磁场在其中的扩散速度变大,扩散到边界的时间更短,受边界条件的影响更大,通过增大模拟剖分的区域,会减小这种误差。

4.4　低阻模型响应特征分析

均匀半空间的电阻率为 20 Ω·m,回线源位于地表,中心位于原点,线框大小为 110 m×110 m,地下埋入低阻棱柱体,电阻率为 1 Ω·m,长 100 m,宽 100 m,高 100 m,埋深 70 m,模型如图 4-4 所示。

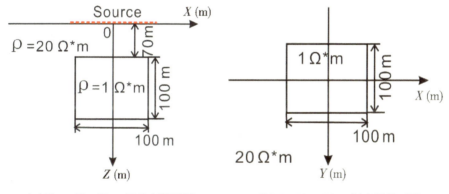

(a)Y= -50~50 m 间垂直断面图　　　　(b)Z = 70~170 m 间水平截面图

图 4-4　低阻体模型

X、Y 和 Z 方向的剖分网格单元数分别为 140、140 和 72,最小网格间距为 10 m,初始时间为 0.01 ms,最大延迟时间为 15 ms。交错采样有限差分法计算得到的从早期到晚期的响应等值线断面图如图 4-5 所示。

从物理意义上讲,所谓的早期是指一次场消失后的瞬间,此时的涡流分布于导体的边缘,相当于频率中高频极限的情况;由于导体的欧姆损耗,边缘涡流衰减所产生的局部磁场又激发起新的涡流,其结果是随时间变化涡流向导体内部移动。早期涡流的迅速衰减也反映到外部磁场的衰减上,其规律不是按指数的衰减规律。此后涡流分布不再随时间变化,瞬变场进入晚期,此时涡流及其产生的磁场按指数规律衰减。(牛之琏等,1987)

图 4-5 为不同时刻磁场 Z 分量的等值线图,图(a)到图(d)分别为 0.165 ms、0.48 ms、1.28 ms、3.65 ms 时刻的等值线断面图(Y = 0 m)。在早期[图(a)],低阻体阻碍场的扩散,使磁场发生畸变,图(a)的磁场等值线绕开低阻体。图(b)中,低阻体与电磁场发生相互作用,低阻体顶端先有明显的响应产

生。图(c)中,响应产生的磁场逐渐向低阻体的中心处移动。图(d)中,响应产生的磁场逐渐主导整个磁场的分布,并逐渐衰减,持续的时间较长,瞬变电磁法正是研究它随时间的变化规律。

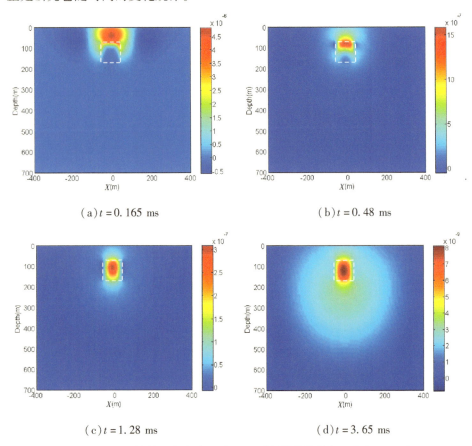

(a)$t=0.165$ ms   (b)$t=0.48$ ms

(c)$t=1.28$ ms   (d)$t=3.65$ ms

图4-5 低阻体模型响应的Bz在不同时刻的等值线断面图($Y=0$ m)

将低阻体响应得到的场减去背景场后称为异常场,图4-6为通过原点沿X方向的测线上的异常场随时间的变化曲线。从早期到晚期,异常场出现变号。在早期,由于感应场集中于地表,所以异常场接近零。在晚期,由于低阻体响应产生的二次场缓慢衰减,所以异常场为正。在早、晚期之间的一段时刻,由于低阻体吸引电磁场,异常场为负。图中稍微的不对称性是由于源的不对称引起的。

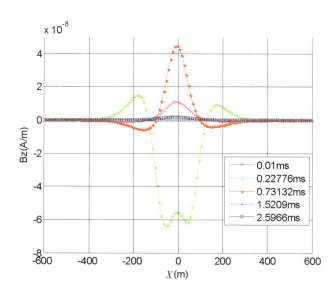

图 4 - 6　通过原点沿 X 方向的测线上的异常场随时间的变化曲线

回线中心点均匀半空间响应和低阻体响应的衰减曲线对比如图 4 - 7,在早期两者是重合的,到晚期分异性明显,这是低阻体响应产生的二次场缓慢衰减的结果,并且低阻体响应得到的磁场 Z 分量大于均匀半空间的值。回线中心点 FDTD 法与商业软件计算结果的衰减曲线对比如图 4 - 8,两者在晚期的结果一致性较好。

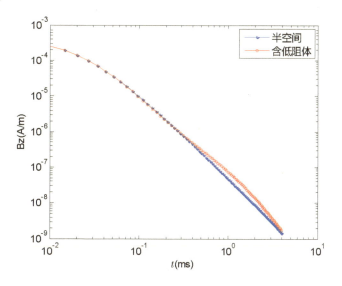

图 4 - 7　回线中心点 Bz 的衰减曲线对比图(低阻体)

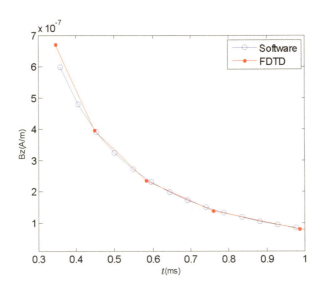

图 4 - 8 回线中心点 Bz 的衰减曲线对比图(FDTD 法与商业软件)

4.5 高阻模型响应特征分析

高阻模型的形状和图 4 - 4 中的模型相同,均匀半空间的电阻率为 20 Ω·m,回线源位于地表,中心位于原点,线框大小为 110 m × 110 m,地下埋入高阻棱柱体,电阻率为 200 Ω·m。X、Y 和 Z 方向的剖分网格单元数分别为 140、140 和 72,最小网格间距为 10 m,初始时间为 0.01 ms,最大延迟时间为 10 ms。交错采样有限差分法计算得到的从早期到晚期的响应等值线断面图如下。

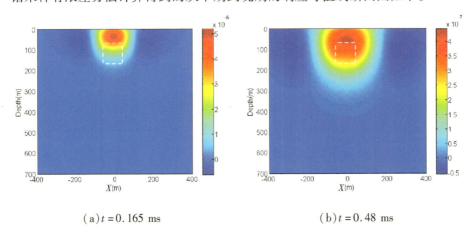

(a)t = 0.165 ms   (b)t = 0.48 ms

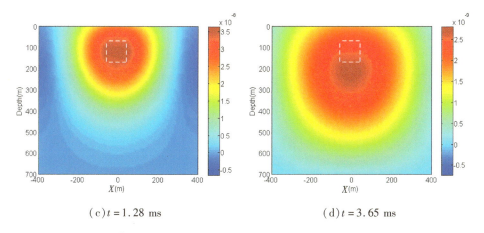

$(c) t = 1.28$ ms　　　　　　　　$(d) t = 3.65$ ms

图 4 - 9　高阻体模型响应的 Bz 在不同时刻的等值线断面图($Y = 0$ m)

图 4 - 9 为不同时刻磁场 Z 分量的等值线断面图($Y = 0$ m),图(a)到图(d)分别为 0.165 ms、0.48 ms、1.28 ms、3.65 ms 时刻的等值线图。和低阻体相比,磁场对高阻体非常不灵敏。瞬变场穿透高阻能力强,在高阻体中的扩散速度变快,由于高阻对电场有更强的吸收衰减作用,所以在高阻区域内电磁场衰减得更快。

回线中心点半空间响应和高阻体响应的衰减曲线如图 4 - 10,从早期到晚期两者基本是重合的,分异性不明显。在晚期,由于高阻体的热耗衰减作用,地表接收到的电磁场小于半空间响应产生的电磁场。

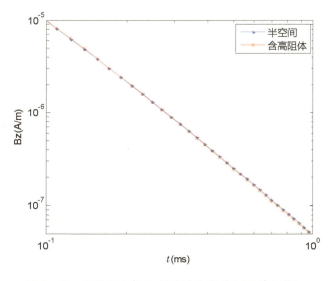

图 4 - 10　回线中心点 Bz 的衰减曲线对比图(高阻体)

4.6　组合模型响应特征分析

均匀半空间的电阻率为 20 Ω·m,回线源位于地表,中心位于原点,线框大小为 110 m×110 m,地下埋入一个高阻棱柱体和一个低阻棱柱体,电阻率分别为 200 Ω·m 和 1 Ω·m,规模大小相同,长 100 m,宽 60 m,高 100 m,埋深 60 m,如图 4-11 所示。FDTD 计算的剖分网格数为 140×140×72,最小网格间距为 10 m,初始时间为 0.01 ms,最大延迟时间为 10 ms。

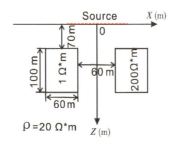 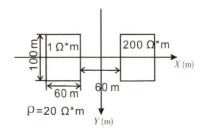

　　(a)Y=-50～50 m 间垂直断面图　　　　(b)Z=70～170 m 间水平截面图

图 4-11　组合体模型

图 4-12 为不同时刻磁场 Z 分量的等值线断面图,图(a)到图(d)分别为 0.165 ms、0.48 ms、1.28 ms、3.65 ms 时刻的等值线断面图。图中显示出了低阻体和高阻体的 TEM 响应特征。电磁场在低阻体中的扩散速度变慢,在高阻体中的扩散速度变快。低阻体与电磁场发生相互作用,先在低阻体底端有明显的响应产生,然后向低阻体的中心移动,最后主导整个电场的分布。响应产生的电磁场缓慢衰减,持续的时间较长。而在高阻体中电磁场扩散速度变快,由于热损耗作用,衰减得更快。

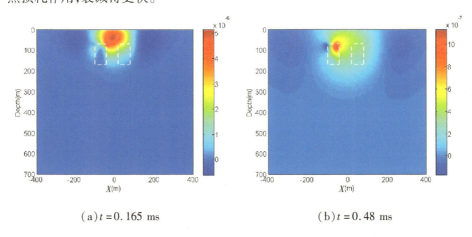

　　　　(a)t=0.165 ms　　　　　　　　　　(b)t=0.48 ms

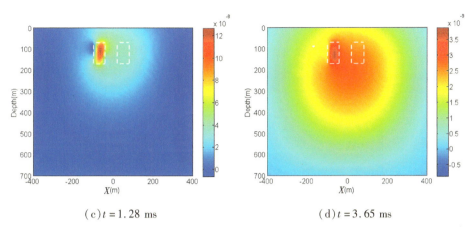

（c）t = 1.28 ms　　　　　　　　　　　（d）t = 3.65 ms

图 4 - 12　组合模型响应的 Bz 在不同时刻的等值线断面图（左低阻体、右高阻体）

4.7　小结

本章将时间分步法计算的响应结果与半空间解析解进行对比，并与四组层状介质从频率域变换到时间域的结果对比，验证正演算法的正确性；然后分别计算低阻体模型、高阻体模型和组合模型的响应，对结果进行分析，说明 TEM 的响应特点及时间域电磁法的优点。

第五章　TEM 三维非线性共轭梯度反演理论

5.1　时间域反演概述

　　地球物理反演问题属于目标函数的最优化问题,即求目标函数的极小值问题。常用的反演方法是梯度法(最速下降法)、牛顿法、共轭梯度法。梯度法的优点是当初始模型远离全局极小时,它的收敛较快,缺点是对于病态反问题,呈现弱收敛。牛顿法适合于小规模运算的问题,对于大数据的问题就变得效率很低,当初始模型远离全局极小时,收敛速度慢。牛顿法需要计算目标函数的二阶偏导数及其逆矩阵,所以计算时间长,计算工作量大,可能会出现病态和奇异现象。共轭梯度法综合梯度法和牛顿法的优点,避免计算目标函数的二阶偏导数及其逆矩阵。

　　雅可比矩阵(灵敏度矩阵)的计算是反演中的核心问题,常用的方法是解析法、扰动法、伴随方程法和近似法等。解析法是将正演的数据逐个对模型参数计算一阶偏导数,模型参数越多,效率就越低。扰动法将灵敏度矩阵的每个偏导数元素近似为差分格式,每次迭代需要很多次的正演计算,计算量太大。伴随方程法的计算量和采集数据的个数有关,尤其适用于数据个数小于模型个数的情况。近似法是在伴随方程法的基础上,将解方程获得的伴随场和正演得到的场做点积,然后积分,它比前几种方法的效率更高。由于瞬变电磁法的数据量很大,这几种方法都不适用。本书借鉴地震偏移成像方法,使用地表差异场计算反向传播场,直接在时间域用入射电场和反传电场做卷积运算来计算数据拟合差的梯度。

　　应用瞬变电磁法,测量真实的地质模型产生的响应称为实测场,测量假定的理论模型产生的响应称为正演场。正演场与实测场的差叫作异常场(剩余场),实质是由理论模型和真实模型不一致引起的。反演就是要找到适当的模型来拟合实测场,使得数据拟合差满足误差限的要求,并接近真实的模型。

　　给定地下模型,时间域正演的结果叫作入射场。模型空间的某点参数有扰动时,就会在观测点产生异常场,入射场与参数扰动共同产生异常场,其实质是异常体感应的异常电流产生的。这个关系可以用以下方程说明：

$$\mathbf{e}(\mathbf{r},t) = \mathbf{e}_p(\mathbf{r},t) + \int_V \int_0^t G(\mathbf{r},t \mid \mathbf{r}',t') \cdot \mathbf{j}_a(\mathbf{r}',t') dt' d\mathbf{r}' \quad (5-1)$$

$$\mathbf{j}_a(\mathbf{r}',t') = \sigma_a(\mathbf{r}')\mathbf{e}(\mathbf{r},t) \quad (5-2)$$

方程 5-1 中，观测点的总场 $\mathbf{e}(\mathbf{r},t)$ 是由背景场 $\mathbf{e}_p(\mathbf{r},t)$ 和异常电流 $\mathbf{j}_a(\mathbf{r}',t')$ 产生的异常场相加得到。格林函数 $G(\mathbf{r},t \mid \mathbf{r}',t')$ 表示单位电流源在 $\mathbf{r}'$ 点 t' 时刻激发、在 $\mathbf{r}$ 点 t 时刻得到的电场脉冲响应，它是矢量，三个电场分量分别通过计算三个方向的脉冲电场响应得到。格林函数满足互易定理 $G(\mathbf{r},t \mid \mathbf{r}',t') = G(\mathbf{r}',t' \mid \mathbf{r},t)$，就是说如果把收发装置的位置、收发的各分量互换，测量结果不变，图 5-1 为示意图。

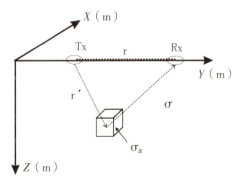

图 5-1　互易定理的装置示意图

在方程 5-1 中，如果没有异常体的存在，那么一次场就等于总场。在 $\mathbf{r}'$ 点给一个很小的扰动 $\delta\sigma_a$，假定这时方程右端可以用一次场代替总场（Born 近似），那么就能得到时间域的灵敏度方程（Andreas,1998）：

$$\frac{\mathbf{e}(\mathbf{r},t) - \mathbf{e}_p(\mathbf{r},t)}{\delta\sigma_a(\mathbf{r}')} = \int_V \int_0^t G(\mathbf{r},t \mid \mathbf{r}',t') \cdot \mathbf{e}_p(\mathbf{r}',t') dt' d\mathbf{r}' \quad (5-3)$$

方程 5-3 的左端表示电导率参数扰动所引起的测量场的变化，所以它就是灵敏度。右端为一次场和格林函数做卷积运算，容易实现。

将方程 5-3 左端的总场换为真实模型响应得到的实测场，将一次场换为理论模型响应产生的正演场，就得到在时间域直接计算参数灵敏度的方法。于是，方程 5-3 的左端表示异常场对于扰动的梯度，也就是要寻找数据拟合差的极小值。

方程 5-3 右端的 $G(\mathbf{r},t \mid \mathbf{r}',t')$ 会被偏移剩余场代替，因为它的源是实测场和假定模型正演场之差得到的异常场。偏移场包括反向传播的电磁场，数据拟合差的梯度由正演场和反向传播场的卷积运算得到。

5.2 并矢格林函数及伴随并矢格林函数

5.2.1 并矢格林函数

有源的麦克斯韦方程组为

$$-\nabla \times \mathbf{h} + \sigma \mathbf{e} = -\mathbf{j}^e \tag{5-4}$$

$$\nabla \times \mathbf{e} + \mu \frac{\partial \mathbf{h}}{\partial t} = -\mathbf{j}^m \tag{5-5}$$

这里的 $-\mathbf{j}^e$、$-\mathbf{j}^m$ 分别为电流源项和磁流源项。方程 5-4 和 5-5 的解可以由格林函数和源项做乘积然后积分得到：

$$\mathbf{e}(\mathbf{r},t) = \int_{V'} \int_0^t G_{11}(\mathbf{r},t \mid \mathbf{r}',t') \cdot \mathbf{j}^e(\mathbf{r}',t') dt' d\mathbf{r}' + \int_{V'} \int_0^t \frac{G_{12}(\mathbf{r},t \mid \mathbf{r}',t')}{\mu(\mathbf{r}')} \cdot$$

$$\mathbf{j}^m(\mathbf{r}',t') dt' d\mathbf{r}' \tag{5-6}$$

$$h(\mathbf{r},t) = \int_{V'} \int_0^t G_{21}(\mathbf{r},t \mid \mathbf{r}',t') \cdot \mathbf{j}^e(\mathbf{r}',t') dt' d\mathbf{r}' + \int_{V'} \int_0^t \frac{G_{22}(\mathbf{r},t \mid \mathbf{r}',t')}{\mu(\mathbf{r}')} \cdot$$

$$\mathbf{j}^m(\mathbf{r}',t') dt' d\mathbf{r}' \tag{5-7}$$

格林并矢函数是因果的,它满足

$$G_{ij}(\mathbf{r},t|\mathbf{r}',t') \equiv 0, t \leqslant t' \tag{5-8}$$

其中 $G_{11}(\mathbf{r},t|\mathbf{r}',t') \cdot \mathbf{u}(\mathbf{r}')$ 表示单位电流源在 $\mathbf{r}'$ 点 t' 时刻激发,在 $\mathbf{r}$ 点 t 时刻得到的电场; $G_{21}(\mathbf{r},t|\mathbf{r}',t') \cdot \mathbf{u}(\mathbf{r}')$ 表示单位电流源在 $\mathbf{r}'$ 点 t' 时刻激发,在 $\mathbf{r}$ 点 t 时刻得到的磁场; $G_{12}(\mathbf{r},t|\mathbf{r}',t') \cdot \mathbf{u}(\mathbf{r}')$ 表示单位磁流源在 $\mathbf{r}'$ 点 t' 时刻激发,在 $\mathbf{r}$ 点 t 时刻得到的电场; $G_{22}(\mathbf{r},t|\mathbf{r}',t') \cdot \mathbf{u}(\mathbf{r}')$ 表示单位磁流源在 $\mathbf{r}'$ 点 t' 时刻激发,在 $\mathbf{r}$ 点 t 时刻得到的磁场。

格林并矢函数满足方程：

$$\nabla \times G_{11} + \mu \frac{\partial G_{21}}{\partial t} = 0 \tag{5-9}$$

$$-\nabla \times G_{21} + \sigma G_{11} = -I\delta(\mathbf{r} - \mathbf{r}')\delta(t-t') \tag{5-10}$$

$$\nabla \times G_{12} + \mu \frac{\partial G_{22}}{\partial t} = -I\mu(\mathbf{r})\delta(\mathbf{r} - \mathbf{r}')\delta(t-t') \tag{5-11}$$

$$-\nabla \times G_{22} + \sigma G_{12} = 0 \tag{5-12}$$

其中 I 是单位并矢量。

5.2.2　伴随并矢格林函数

反演中要计算反向传播场,需要考虑伴随并矢格林函数,伴随场与正演场不同,它满足的方程与 5-4、5-5 不同,要把 5-4、5-5 方程中的时间项和空间项取反,并且伴随场的源是各个接收点的实测数据和正演模型数据的差值。

定义伴随并矢格林函数,根据互易定理

$$G_{ij}^+(\mathbf{r}',t'|\mathbf{r},t) \equiv \tilde{G}_{ji}(\mathbf{r},t|\mathbf{r}',t') \qquad (5-13)$$

它是反因果的,满足

$$G_{ij}^+(\mathbf{r}',t'|\mathbf{r},t) \equiv 0, t \geqslant t' \qquad (5-14)$$

由伴随并矢格林函数计算伴随场的方程为

$$\mathbf{e}^+(\mathbf{r},t) = \int_V \int_0^t G_{11}^+(\mathbf{r},t|\mathbf{r}',t') \cdot \mathbf{j}^e(\mathbf{r}',t')dt'd\mathbf{r}' + \int_V \int_0^t \frac{G_{12}^+(\mathbf{r},t|\mathbf{r}',t')}{\mu(\mathbf{r}')} \cdot$$

$$\mathbf{j}^m(\mathbf{r}',t')dt'd\mathbf{r}' \qquad (5-15)$$

$$h^+(\mathbf{r},t) = \int_V \int_0^t G_{21}^+(\mathbf{r},t|\mathbf{r}',t') \cdot \mathbf{j}^e(\mathbf{r}',t')dt'd\mathbf{r}' + \int_V \int_0^t \frac{G_{22}^+(\mathbf{r},t|\mathbf{r}',t')}{\mu(\mathbf{r}')} \cdot$$

$$\mathbf{j}^m(\mathbf{r}',t')dt'd\mathbf{r}' \qquad (5-16)$$

把方程 5-9 到 5-12 的时间项和空间项取反,得到伴随并矢格林函数满足的方程

$$-\nabla \times G_{11}^+ - \mu \frac{\partial G_{21}^+}{\partial t} = 0 \qquad (5-17)$$

$$\nabla \times G_{21}^+ + \sigma G_{11}^+ = -I\delta(\mathbf{r}-\mathbf{r}')\delta(t-t') \qquad (5-18)$$

$$-\nabla \times G_{12}^+ - \mu \frac{\partial G_{22}^+}{\partial t} = -I\mu(\mathbf{r})\delta(\mathbf{r}-\mathbf{r}')\delta(t-t') \qquad (5-19)$$

$$\nabla \times G_{22}^+ + \sigma G_{12}^+ = 0 \qquad (5-20)$$

注意,和方程 5-9 到 5-12 相比,方程 5-17 到 5-20 只是把时间项和空间项取反。

5.2.3　并矢格林函数与伴随并矢格林函数之间的变换

并矢格林函数 G 和伴随并矢格林函数 G^+ 都是由脉冲响应得到,当 $i \neq j$ 时,方程 5-13 中的变换就比较复杂。根据 Ward 和 Hohmann(1988)的研究,时间域的互易定理要注意电源和磁源的不同,电性源激发的磁场脉冲响应等于磁源

激发的电场阶跃响应,具体方程如下:

$$G_{11}^{+}(\mathbf{r}',t'|\mathbf{r},t) = \tilde{G}_{11}(\mathbf{r},t|\mathbf{r}',t') \tag{5-21}$$

$$G_{12}^{+}(\mathbf{r}',t'|\mathbf{r},t) = -\mu(\mathbf{r})\frac{\partial}{\partial t}\tilde{G}_{21}(\mathbf{r},t|\mathbf{r}',t') \tag{5-22}$$

$$\mu(\mathbf{r}')\frac{\partial}{\partial t'}G_{21}^{+}(\mathbf{r}',t'|\mathbf{r},t) = \tilde{G}_{12}(\mathbf{r},t|\mathbf{r}',t') \tag{5-23}$$

$$\mu(\mathbf{r}')G_{22}^{+}(\mathbf{r}',t'|\mathbf{r},t) = \mu(\mathbf{r})\tilde{G}_{22}(\mathbf{r},t|\mathbf{r}',t') \tag{5-24}$$

方程 5-22 的右端项表示对电性源得到的磁场脉冲响应取时间偏导数,方程 5-22 的左端项表示磁源的电场脉冲响应,两者相等。方程 5-23 的右端项表示磁源的电场脉冲响应,方程 5-23 的左端项表示对电性源得到的磁场脉冲响应取时间偏导数,两者相等。

5.3　反演理论

5.3.1　目标函数

这里假设在零时刻以前,所有的电磁场及其导数都为零。

目标函数由两项构成,即数据拟合差项和模型约束项。

$$F(\sigma,\mu) = F_D(\sigma,\mu) + F_M(\sigma,\mu) \tag{5-25}$$

数据拟合差项为

$$F_D(\sigma,\mu) = \frac{1}{2}\sum_i\int_0^T[\mathbf{d}^0(\mathbf{r},t) - \mathbf{d}(\mathbf{r},t)]^2dt = \frac{1}{2}\sum_i\int_0^T\delta\mathbf{d}^0(\mathbf{r},t)\cdot\delta\mathbf{d}^0(\mathbf{r},t)dt \tag{5-26}$$

其中 $\mathbf{d}^0(\mathbf{r},t)$ 为实测场的数据, $\mathbf{d}(\mathbf{r},t)$ 为理论模型的正演场数据, i 表示不同的接收点。

模型约束项为

$$F_M(\sigma,\mu) = \lambda\mathbf{f}(m) \tag{5-27}$$

其中 $\mathbf{f}$ 为正则化算子, λ 为正则化因子。

5.3.2　磁场数据和感应电动势数据的梯度

反演过程中,目标函数的梯度计算是核心,梯度的推导过程如下。

对于磁场数据的数据拟合差项 $F_D(\sigma,\mu)$ 来说,模型参数的微小变化所引起的变化为(Commer,2004)

$$\delta F_D = \frac{1}{2} \sum_i \int_0^T \left\{ \left[\mathbf{h}^0 - (\mathbf{h} + \delta\mathbf{h}) \right]^2 - (\mathbf{h}^0 - \mathbf{h})^2 \right\} dt$$

$$= -\sum_i \int_0^T \left(\delta\mathbf{h}^0 \cdot \delta\mathbf{h} - \frac{1}{2}\delta\mathbf{h} \cdot \delta\mathbf{h} \right) dt$$

$$\approx -\sum_i \int_0^T \delta\mathbf{h}^0 \cdot \delta\mathbf{h} dt \qquad (5-28)$$

这里忽略了二阶的 $\delta\mathbf{h} \cdot \delta\mathbf{h}$。

考虑模型参数的变化所引起的场的变化, $\sigma \rightarrow \sigma + \delta\sigma, \mu \rightarrow \mu + \delta\mu, e \rightarrow e + \delta e, \mathbf{h} \rightarrow \mathbf{h} + \delta\mathbf{h}$。

代入方程 5-4、5-5 得到

$$-\nabla \times (\mathbf{h} + \delta\mathbf{h}) + (\sigma + \delta\sigma)(\mathbf{e} + \delta\mathbf{e}) = -\mathbf{j}^e \qquad (5-29)$$

$$\nabla \times (\mathbf{e} + \delta\mathbf{e}) + \mu \frac{\partial(\mathbf{h} + \delta\mathbf{h})}{\partial t} = -\mathbf{j}^m \qquad (5-30)$$

把方程 5-29、5-30 分别减去方程 5-4、5-5 得到

$$\sigma \cdot \delta\mathbf{e} - \nabla \times \delta\mathbf{h} = \delta\sigma \cdot \mathbf{e} \qquad (5-31)$$

$$\nabla \times \delta\mathbf{e} + \mu \frac{\partial}{\partial t}\delta\mathbf{h} = \delta\mu \cdot \frac{\partial}{\partial t}\mathbf{h} \qquad (5-32)$$

这里忽略了两个扰动量相乘的高阶项。

所以有

$$\delta\mathbf{h}(\mathbf{r}_i,t) = \int_V \int_0^t G_{21}(\mathbf{r}_i,t \mid \mathbf{r}',t') \cdot \mathbf{e}(\mathbf{r}',t') \cdot \delta\sigma(\mathbf{r}') dt' d\mathbf{r}'$$

$$+ \int_V \int_0^t \frac{G_{22}^+(\mathbf{r}_i,t \mid \mathbf{r}',t')}{\mu(\mathbf{r}')} \cdot \frac{\partial}{\partial t'}\mathbf{h}(\mathbf{r}',t') \cdot \delta\mu(\mathbf{r}') dt' d\mathbf{r}'$$

$$(5-33)$$

这里省去了高阶的项,如果只考虑电阻率的变化,即 $\delta\mu(\mathbf{r}') = 0$,将方程 5-33 代入方程 5-28 则得到

$$\delta F_D = -\sum_i \int_0^T dt \delta\mathbf{h}^0 \cdot \int_V \int_0^t G_{21}(\mathbf{r}_i,t \mid \mathbf{r}',t') \cdot \mathbf{e}(\mathbf{r}',t') \cdot \delta\sigma(\mathbf{r}') dt' d\mathbf{r}'$$

$$(5-34)$$

整理后得到

$$\gamma_\sigma^h(\mathbf{r}') = -\sum_i \int_0^T dt \delta\, \mathbf{h}^0(\mathbf{r}_i,t) \cdot \int_0^T G_{21}(\mathbf{r}_i,t \mid r',t') \cdot \mathbf{e}(\mathbf{r}',t') dt'$$

$$(5-35)$$

方程 5-35 表示在 $\mathbf{r}'$ 点 F_D 对电阻率 σ 的偏导数，这样来计算，在同一时刻，由 $\mathbf{r}'$ 点的点电流源产生的磁场 G_{21}（格林函数）乘以同方向的当前模型的电场响应 $\mathbf{e}(\mathbf{r}',t')$，结果做时间积分运算，再把结果与地表所有同测点的磁场异常场乘积并做时间积分运算，即得到 $\mathbf{r}'$ 点 σ 对 $\mathbf{r}$ 点的 F_D 偏导数。这里需要一次正演计算当前模型的电场响应 $\mathbf{e}(\mathbf{r}',t')$，多次正演计算不同 $\mathbf{r}'$ 点的格林函数，计算量过大。实际上，我们可以对方程 5-35 做变换（Commer, 2004）：

$$\gamma_\sigma^h(\mathbf{r}') = -\sum_i \int_0^T dt \int_0^T dt' \delta\, \mathbf{h}^0(\mathbf{r}_i,t) \cdot G_{21}(\mathbf{r}_i,t \mid \mathbf{r}',t') \cdot \mathbf{e}(\mathbf{r}',t')$$

$$= -\sum_i \int_0^T dt' \int_{t'}^T dt \delta\, \mathbf{h}^0(\mathbf{r}_i,t) \cdot G_{21}(\mathbf{r}_i,t \mid \mathbf{r}',t') \cdot \mathbf{e}(\mathbf{r}',t')$$

$$= -\sum_i \int_0^T dt' \int_{t'}^T dt\, \mathbf{e}(\mathbf{r}',t') \cdot \frac{^{step}G_{12}^+(\mathbf{r}',t' \mid \mathbf{r}_i,t)}{\mu(\mathbf{r}_i)} \cdot \delta\, \mathbf{h}^0(\mathbf{r}_i,t)$$

$$= \int_0^T dt'\, \mathbf{e}(\mathbf{r}',t') \sum_i \int_T^{t'} dt\, \frac{^{step}G_{12}^+(\mathbf{r}',t' \mid \mathbf{r}_i,t)}{\mu(\mathbf{r}_i)} \cdot \delta\, \mathbf{h}^0(\mathbf{r}_i,t)$$

$$= \int_0^T dt'\, \mathbf{e}(\mathbf{r}',t') \cdot {^{step}}\mathbf{e}_b(\mathbf{r}',t' \mid \delta\, \mathbf{h}^0) \qquad (5-36)$$

其中

$$^{step}G_{12}^+(\mathbf{r}',t' \mid \mathbf{r}_i,t) = \int_t^{t'} dt\, G_{12}^+(\mathbf{r}',t' \mid \mathbf{r}_i,t) \qquad (5-37)$$

$$^{step}\mathbf{e}_b(\mathbf{r}',t' \mid \delta\, \mathbf{h}^0) = \sum_i \int_t^{t'} dt\, \mathbf{e}_b(\mathbf{r}',t' \mid \delta\, \mathbf{h}^0(\mathbf{r}_i,t)) \qquad (5-38)$$

上述的变换过程，先将时间项 t、t' 交换位置，并变换积分的时间项；第二步，使用互易定理

$$\delta\, \mathbf{h}^0(\mathbf{r}_i,t) \cdot G_{21}(\mathbf{r}_i,t \mid \mathbf{r}',t') \cdot \mathbf{e}(\mathbf{r}',t') = \mathbf{e}(\mathbf{r}',t') \cdot \frac{^{step}G_{12}^+(\mathbf{r}',t' \mid \mathbf{r}_i,t)}{\mu(\mathbf{r}_i)} \cdot \delta$$

$$\mathbf{h}^0(\mathbf{r}_i,t) \qquad (5-39)$$

接着调整 $\mathbf{e}(\mathbf{r}',t')$ 的顺序，并调整内积分的时间项，时间是反传的，$t' \leqslant t \leqslant T$。最后，定义一个反传的电场 $^{step}\mathbf{e}_b$

$$^{step}\mathbf{e}_b(\mathbf{r}',t' \mid \delta\, \mathbf{h}^0) = \sum_i \int_T^{t'} dt\, \frac{^{step}G_{12}^+(\mathbf{r}',t' \mid \mathbf{r}_i,t)}{\mu(\mathbf{r}_i)} \cdot \delta\, \mathbf{h}^0(\mathbf{r}_i,t) \qquad (5-40)$$

因为 $t' \leqslant t$ 是时间上限,和伴随格林函数具有相同的形式,$^{step}G_{12}^+(\mathbf{r}',t'\mid\mathbf{r}_i,t)$ 表示在 $\mathbf{r}$ 点 t 时刻异常磁场 $\delta\mathbf{h}^0(\mathbf{r}_i,t)$ 激发、在 $\mathbf{r}'$ 点 t' 时刻得到的电场,这个时间项和伴随格林函数的定义一致,但它是反因果的,即 $^{step}G_{12}^+(\mathbf{r}',t'\mid\mathbf{r}_i,t)\equiv 0,t\geqslant t'$。

同样的办法可以得到磁导率 μ 对磁场数据拟合差项的梯度为

$$\gamma_\mu^h(\mathbf{r}') = \int_0^T dt'\,\frac{\partial}{\partial t'}\mathbf{h}(\mathbf{r}',t')\cdot\sum_i\int_T^{t'}dtG_{22}^+(\mathbf{r}',t'\mid\mathbf{r},t)\cdot\delta\mathbf{h}^0(\mathbf{r}_i,t)$$

$$= \int_0^T dt'\,\frac{\partial}{\partial t'}h(\mathbf{r}',t')\cdot\mathbf{h}_b(\mathbf{r}',t'|\delta\mathbf{h}^0) \qquad (5-41)$$

其中

$$\mathbf{h}_b(\mathbf{r}',t'|\delta\mathbf{h}^0) = \sum_i\int_T^{t'}dtG_{22}^+(\mathbf{r}',t'\mid\mathbf{r},t)\cdot\delta\mathbf{h}^0(\mathbf{r}_i,t) \qquad (5-42)$$

$\mathbf{h}_b(\mathbf{r}',t'|\delta\mathbf{h}^0)$ 为异常磁场 $\delta\mathbf{h}^0(\mathbf{r}_i,t)$ 激发得到的反传磁场。

通过新定义的伴随格林函数,将方程 5-35 进行变换得到方程 5-36,变换没有带来新的计算项,但为计算方程 5-36 带来了便利,并且表明 $\mathbf{e}_b$ 和 $\mathbf{h}_b$ 满足伴随场的麦克斯韦方程组,其中 $\delta\mathbf{h}^0(\mathbf{r}_i,t)$ 作为磁源项在所有的接收点上在反向的时间上激发。

对于感应电动势数据

$$\mathbf{u}(\mathbf{r},t) = -\mu\frac{\partial\mathbf{h}(\mathbf{r},t)}{\partial t} \qquad (5-43)$$

由方程 5-36 可推导得到感应电动势数据的数据拟合差项对电导率的梯度为

$$\gamma_\sigma^u(\mathbf{r}') = \int_0^T dt'\mathbf{e}(\mathbf{r}',t')\cdot\mathbf{e}_b(\mathbf{r}',t'|\delta\mathbf{u}^0) \qquad (5-44)$$

同理,可推导得到感应电动势数据的数据拟合差项对磁导率的梯度为

$$\gamma_\mu^u(\mathbf{r}') = \int_0^T dt'\,\frac{\partial}{\partial t'}\mathbf{h}(\mathbf{r}',t')\cdot\frac{\partial}{\partial t'}\mathbf{h}_b(\mathbf{r}',t'\delta\mathbf{u}^0) \qquad (5-45)$$

5.3.3 电场数据的梯度

对于磁场数据的数据拟合差项 $F_D(\sigma,\mu)$ 来说,模型参数的微小变化使其引起的变化为

$$\delta F_D = \frac{1}{2} \sum_i \int_0^T \left\{ \left[\mathbf{e}^0 - (\mathbf{e} + \delta\mathbf{e}) \right]^2 - (\mathbf{e}^0 - \mathbf{e})^2 \right\} dt \approx - \sum_i \int_0^T \delta\mathbf{e}^0 \cdot \delta\mathbf{e} dt$$

$$(5 - 46)$$

这里忽略了二阶的 $\delta\mathbf{e} \cdot \delta\mathbf{e}$。

同理,得到

$$\delta\mathbf{e}(\mathbf{r}_i, t) = \int_V \int_0^t G_{11}(\mathbf{r}_i, t \mid \mathbf{r}', t') \cdot \mathbf{e}(\mathbf{r}', t') \cdot \delta\sigma(\mathbf{r}') dt' d\mathbf{r}'$$

$$+ \int_V \int_0^t \frac{G_{12}^+(\mathbf{r}_i, t \mid \mathbf{r}', t')}{\mu(\mathbf{r}')} \cdot \frac{\partial}{\partial t'} \mathbf{h}(\mathbf{r}', t') \cdot \delta\mu(\mathbf{r}') dt' d\mathbf{r}'$$

$$(5 - 47)$$

这里省去了高阶的项,只考虑电阻率的变化,即 $\delta\mu(\mathbf{r}') = 0$,将方程 5 – 47 代入方程 5 – 46 得到

$$\delta F_D = - \sum_i \int_0^T \delta\mathbf{e}^0 \cdot \int_V \int_0^t G_{11}(\mathbf{r}_i, t \mid \mathbf{r}', t') \cdot \mathbf{e}(\mathbf{r}', t') \cdot \delta\sigma(\mathbf{r}') dt' d\mathbf{r}' dt$$

$$(5 - 48)$$

整理后得到

$$\gamma_\sigma^e(\mathbf{r}') = - \sum_i \int_0^T dt \delta\mathbf{e}^0(\mathbf{r}_i, t) \cdot \int_0^T G_{11}(\mathbf{r}_i, t \mid \mathbf{r}', t') \cdot \mathbf{e}(\mathbf{r}', t') dt'$$

$$(5 - 49)$$

方程 5 – 49 表示在 $\mathbf{r}'$ 点 F_D 对电阻率 σ 的偏导数,由 $\mathbf{r}'$ 点的点电流源产生的磁场 G_{11}(格林函数)乘以同方向的当前模型的电场响应 $\mathbf{e}(\mathbf{r}', t')$,并做时间积分运算,再把结果与地表所有同测点的电场异常场乘积并做时间积分运算,即得到 $\mathbf{r}'$ 点 σ 对 $\mathbf{r}$ 点的 F_D 偏导数。

对偏导数方程进行变换

$$\gamma_\sigma^e(\mathbf{r}') = - \sum_i \int_0^T dt \delta\mathbf{e}^0(\mathbf{r}_i, t) \cdot \int_0^T G_{11}(\mathbf{r}_i, t \mid \mathbf{r}', t') \cdot \mathbf{e}(\mathbf{r}', t') dt'$$

$$= \int_0^T dt' \mathbf{e}(\mathbf{r}', t') \sum_i \int_T^{t'} dt G_{11}^+(\mathbf{r}', t' \mid \mathbf{r}_i, t) \cdot \delta\mathbf{e}^0(\mathbf{r}_i, t)$$

$$= \int_0^T dt' \mathbf{e}(\mathbf{r}', t') \cdot \mathbf{e}_b(\mathbf{r}', t' \mid \delta\mathbf{e}^0)$$

$$(5 - 50)$$

其中

$$\mathbf{e}_b(\mathbf{r}', t' \mid \delta\mathbf{e}^0) = \sum_i \int_T^{t'} dt G_{11}^+(\mathbf{r}', t' \mid \mathbf{r}_i, t) \cdot \delta\mathbf{e}^0(\mathbf{r}_i, t) \quad (5 - 51)$$

同样的办法可以得到电场数据拟合差项对磁导率 μ 的梯度为：

$$\gamma_\mu^e(\mathbf{r}') = \int_0^T dt' \frac{\partial}{\partial t'}\mathbf{h}(\mathbf{r}',t') \cdot \sum_i \int_T^{t'} dt \frac{\partial}{\partial t'}G_{21}^+(\mathbf{r}',t'\,|\,\mathbf{r},t)\frac{\delta\,\mathbf{e}^0(\mathbf{r}_i,t)}{t}$$

$$= \int_0^T dt' \frac{\partial}{\partial t'}\mathbf{h}(\mathbf{r}',t') \cdot \frac{\partial}{\partial t'}\mathbf{h}_b(\mathbf{r}',t'\,|\,\delta\,\mathbf{e}^0) \qquad (5-52)$$

其中

$$\mathbf{h}_b(\mathbf{r}',t'\,|\,\delta\,\mathbf{e}^0) = \sum_i \int_T^{t'} dt\, G_{21}^+(\mathbf{r}',t'\,|\,\mathbf{r},t)\frac{\delta\,\mathbf{e}^0(\mathbf{r}_i,t)}{t} \qquad (5-53)$$

$\mathbf{h}_b(\mathbf{r}',t'\,|\,\delta\,\mathbf{h}^0)$ 为异常电场 $\delta\,\mathbf{e}^0(\mathbf{r}_i,t)$ 激发得到的反传磁场。

5.3.4　电磁场数据的梯度

对于同时观测电场和磁场的装置,方程 5-44 和方程 5-50 可以联合起来计算梯度,即

$$\gamma_\sigma^{e+u}(\mathbf{r}') = \int_0^T dt'\mathbf{e}(\mathbf{r}',t') \cdot \mathbf{e}_b(\mathbf{r}',t'\,|\,\delta\,\mathbf{e}^0 + \delta\,\mathbf{u}^0) \qquad (5-54)$$

这时计算反传电场的源为混合源,既有异常电场 $\delta\,\mathbf{e}^0(\mathbf{r}_i,t)$ 做反传源,又有异常感应电动势 $\delta\,\mathbf{u}^0(\mathbf{r}_i,t)$ 做反传源。

5.3.5　反向扩散场的计算

目标函数的梯度由入射场和反向传播电磁场做卷积运算得到,其中反向传播的场 $\mathbf{e}_b$ 和 $\mathbf{h}_b$ 满足方程：

$$\sigma\,\mathbf{e}_b + \nabla \times \mathbf{h}_b = - \sum_i \delta\,\mathbf{e}^0(\mathbf{r}_i,t)\delta(\mathbf{r}-\mathbf{r}_i) \qquad (5-55)$$

$$-\nabla \times \mathbf{e}_b - \mu\frac{\partial}{\partial t}\mathbf{h}_b = - \sum_i \mu(\mathbf{r}_i)\delta\,\mathbf{u}^0(\mathbf{r}_i,t)\delta(\mathbf{r}-\mathbf{r}_i) \qquad (5-56)$$

其中 t 为 T 到 0,方程 5-56 与麦克斯韦方程 3-1 在符号上有所不同,并且多了右端的源项。

与正演的 Du Fort-Frankel 法相同,这里人为增加一项,修正后的方程组 5-55、5-56 变为

$$-\gamma\frac{\partial\,\mathbf{e}_b}{\partial t} + \sigma\,\mathbf{e}_b + \nabla \times \mathbf{h}_b = - \sum_i \delta\,\mathbf{e}^0(\mathbf{r}_i,t)\delta(\mathbf{r}-\mathbf{r}_i) \qquad (5-57)$$

$$-\nabla \times \mathbf{e}_b - \mu\frac{\partial}{\partial t}\mathbf{h}_b = -\mu(\mathbf{r}_i)\delta\,\mathbf{u}^0(\mathbf{r}_i,t)\delta(\mathbf{r}-\mathbf{r}_i) \qquad (5-58)$$

入射场（扩散场）只是由电流源项激发产生，而反向扩散场由接收点的异常电场和异常磁场做源激发产生，源的激发时间由异常场的时间范围确定。

将空间项展开后方程组 5 - 53、5 - 54 变为

$$
- \gamma \frac{\partial \mathbf{e}_b}{\partial t} + \sigma \mathbf{e}_b = - \begin{bmatrix} \dfrac{\partial \mathbf{h}_z}{\partial y} - \dfrac{\partial \mathbf{h}_y}{\partial z} \\[2mm] \dfrac{\partial \mathbf{h}_x}{\partial z} - \dfrac{\partial \mathbf{h}_z}{\partial x} \\[2mm] \dfrac{\partial \mathbf{h}_y}{\partial x} - \dfrac{\partial \mathbf{h}_x}{\partial y} \end{bmatrix} - \sum_i \delta \mathbf{e}^0(\mathbf{r}_i, t) \delta(\mathbf{r} - \mathbf{r}_i) \quad (5 - 59)
$$

$$
\mu \frac{\partial}{\partial t} \mathbf{h}_b = - \begin{bmatrix} \dfrac{\partial \mathbf{e}_z}{\partial y} - \dfrac{\partial \mathbf{e}_y}{\partial z} \\[2mm] \dfrac{\partial \mathbf{e}_x}{\partial z} - \dfrac{\partial \mathbf{e}_z}{\partial x} \\[2mm] \dfrac{\partial \mathbf{e}_y}{\partial x} - \dfrac{\partial \mathbf{e}_x}{\partial y} \end{bmatrix} + \sum_i \mu(\mathbf{r}_i) \delta \mathbf{u}^0(\mathbf{r}_i, t) \delta(\mathbf{r} - \mathbf{r}_i) \quad (5 - 60)
$$

电场的时间偏导数用中心差分近似，$\left(\dfrac{\partial \mathbf{e}_b}{\partial t} \right)^{n-1/2} \approx \dfrac{1}{\Delta t} (\mathbf{e}_b^n - \mathbf{e}_b^{n-1})$。

电场在时间 $n + 1/2$ 处的值用平均值近似，$\mathbf{e}_b^{n-1/2} = (\mathbf{e}_b^n + \mathbf{e}_b^{n-1})/2$。

根据方程 5 - 57 整理得到电场三分量的迭代公式为

$$
e_{bx}^{n-1}(i + 1/2, j, k)
$$

$$
= \frac{2\gamma - \Delta t_{n-1} \sigma(i + 1/2, j, k)}{2\gamma + \Delta t_{n-1} \sigma(i + 1/2, j, k)} e_{bx}^n(i + 1/2, j, k) - \frac{2\Delta t_{n-1}}{2\gamma + \Delta t_{n-1} \sigma(i + 1/2, j, k)}
$$

$$
\times \left[\frac{h_{bz}^{n-1/2}(i + 1/2, j + 1/2, k) - h_{bz}^{n-1/2}(i + 1/2, j - 1/2, k)}{(\Delta y_j + \Delta y_{j-1})/2} \right.
$$

$$
\left. - \frac{h_{by}^{n-1/2}(i + 1/2, j, k + 1/2) - h_{by}^{n-1/2}(i + 1/2, j, k - 1/2)}{(\Delta z_k + \Delta z_{k-1})/2} + \sum_i \delta e_x^0(\mathbf{r}_i)^{n-\frac{1}{2}} \right]
$$

$$
(5 - 61)
$$

$$
e_{by}^{n-1}(i, j + 1/2, k)
$$

$$
= \frac{2\gamma - \Delta t_{n-1} \sigma(i, j + 1/2, k)}{2\gamma + \Delta t_{n-1} \sigma(i, j + 1/2, k)} e_{by}^n(i, j + 1/2, k) - \frac{2\Delta t_{n-1}}{2\gamma + \Delta t_{n-1} \sigma(i, j + 1/2, k)}
$$

$$
\times \left[\frac{h_{bx}^{n-1/2}(i, j + 1/2, k + 1/2) - h_{bx}^{n-1/2}(i, j + 1/2, k - 1/2)}{(\Delta z_k + \Delta z_{k-1})/2} \right.
$$

$$- \frac{h_{bz}^{n-1/2}(i+1/2,j+1/2,k) - h_{bz}^{n-1/2}(i-1/2,j+1/2,k)}{(\Delta x_i + \Delta x_{i-1})/2} + \sum_i \delta e_y^0(\mathbf{r}_i)^{n-\frac{1}{2}} \Big]$$

$$(5-62)$$

$$e_{bz}^{n-1}(i,j,k+1/2)$$

$$= \frac{2\gamma - \Delta t_{n-1}\sigma(i,j,k+1/2)}{2\gamma + \Delta t_{n-1}\sigma(i,j,k+1/2)} e_{bz}^n(i,j,k+1/2) - \frac{2\Delta t_{n-1}}{2\gamma + \Delta t_{n-1}\sigma(i,j,k+1/2)}$$

$$\times \left[\frac{h_{by}^{n-1/2}(i+1/2,j,k+1/2) - h_{by}^{n-1/2}(i-1/2,j,k-1/2)}{(\Delta x_i + \Delta x_{i-1})/2} \right.$$

$$\left. - \frac{h_{bx}^{n-1/2}(i,j+1/2,k+1/2) - h_{bx}^{n-1/2}(i,j-1/2,k+1/2)}{(\Delta y_j + \Delta y_{j-1})/2} + \sum_i \delta e_z^0(\mathbf{r}_i)^{n-\frac{1}{2}} \right]$$

$$(5-63)$$

其中平均电阻率 σ 与正演的定义相同。

磁场的时间偏导数用中心差分近似，$\left(\dfrac{\partial \mathbf{h}_b}{\partial t}\right)^n \approx \dfrac{(\mathbf{h}_b^{n+1/2} - \mathbf{h}_b^{n-1/2})}{(\Delta t_{n-1} + \Delta t_n)/2}$。

根据方程 5 – 60 整理得到磁感应强度三分量的迭代公式为

$$b_{bx}^{n-1/2}(i,j+1/2,k+1/2)$$

$$= b_{bx}^{n+1/2}(i,j+1/2,k+1/2) + \frac{\Delta t_{n-1} + \Delta t_{n+1}}{2}$$

$$\times \left[\frac{e_{bz}^n(i,j+1,k+1/2) - e_{bz}^n(i,j,k+1/2)}{\Delta y_j} - \frac{e_{by}^n(i,j+1/2,k+1) - e_{by}^n(i,j+1/2,k)}{\Delta z_k} \right]$$

$$- \frac{\Delta t_{n-1} + \Delta t_{n+1}}{2} \sum_i \mu(i,j+1/2,k+1/2)\delta \mathbf{u}_x^0(\mathbf{r}_i)^n$$

$$(5-64)$$

$$b_{by}^{n-1/2}(i+1/2,j,k+1/2)$$

$$= b_{by}^{n+1/2}(i+1/2,j,k+1/2) + \frac{\Delta t_{n-1} + \Delta t_{n+1}}{2}$$

$$\times \left[\frac{e_{bx}^n(i+1/2,j,k+1) - e_{bx}^n(i+1/2,j,k)}{\Delta x_i} - \frac{e_{bz}^n(i+1,j,k+1/2) - e_{bz}^n(i,j,k+1/2)}{\Delta x_i} \right]$$

$$- \frac{\Delta t_{n-1} + \Delta t_{n+1}}{2} \sum_i \mu(i+1/2,j,k+1/2)\delta \mathbf{u}_y^0(\mathbf{r}_i)^n$$

$$(5-65)$$

$$b_{bz}^{n-1/2}(i+1/2,j+1/2,k)$$

$$= b_{bz}^{n+1/2}(i+1/2,j+1/2,k) + \frac{\Delta t_{n-1} + \Delta t_{n+1}}{2}$$

$$\times \left[\frac{e_{bx}^{n}(i+1/2,j,k+1) - e_{bx}^{n}(i+1/2,j,k)}{\Delta y_i} - \frac{e_{by}^{n}(i+1,j,k+1/2) - e_{by}^{n}(i,j,k+1/2)}{\Delta x_i} \right]$$

$$- \frac{\Delta t_{n-1} + \Delta t_{n+1}}{2} \sum_i \mu(i+1/2,j+1/2,k)\delta \mathbf{u}_z^0 (\mathbf{r}_i)^n$$

$$(5-66)$$

反向扩散场通过反向的时间迭代来计算。在 T 时刻,将电磁场值初始化为零,测量场与理论模型响应场的差 $\delta \mathbf{e}^0$ 和 $\delta \mathbf{u}^0(\mathbf{r}_i,t)$ 在接收点位置作为源项,由上面方程反向迭代计算得到反向扩散场的 $\mathbf{e}_b$ 和 $\mathbf{h}_b$。与正演的时间迭代公式相比,方程 5-61 到 5-66,仅在迭代公式右端的正负号上有差别。这和地震偏移成像的方程不同,地震的反传方程和正传方程是一样的。

Wang 等(1994)已说明,方程 5-61 到 5-66 是稳定迭代的。交错采样有限差分正演时间迭代时,时间步长随时间增大是变大的。计算反传场的迭代过程中,时间步长随反传时间增大(向零时刻)是变小的,因为从晚期到早期,电磁场的场强变化越来越大。

5.3.6 非线性共轭梯度法

5.3.6.1 非线性共轭梯度法原理

用梯度法搜索目标函数的极小值,其收敛速度通常是较慢的。非线性共轭梯度法是对梯度法的一种改进,它要求电阻率沿着搜索方向更新(Wang,1994)。

$$\boldsymbol{\sigma}^{(n+1)} = \boldsymbol{\sigma}^{(n)} + \alpha^{(n)} \mathbf{b}^{(n)} \qquad (5-67)$$

其中 $\alpha^{(n)}$ 是步长,$\mathbf{b}^{(n)}$ 是搜索方向。

$$\mathbf{b}^{(n)} = -\gamma_\sigma^{(n)} + \beta^{(n)} \mathbf{b}^{(n-1)} \qquad (5-68)$$

这里的 γ_σ 为目标函数的梯度,考虑加入预处理因子 C_n,$\mathbf{b}^{(n)} = -C_n \gamma_\sigma^{(n)} + \beta^{(n)} \mathbf{b}^{(n-1)}$,不加入时,设 C_n 为单位矩阵。

其中 $\beta^{(n)}$ 为标量参数,Powell(1977)给出 $\beta^{(n)}$ 的计算方程为

$$\beta^{(n)} = \frac{<\gamma_\sigma^{(n)}, \gamma_\sigma^{(n)} - \gamma_\sigma^{(n-1)}>}{<\gamma_\sigma^{(n-1)}, \gamma_\sigma^{(n-1)}>} \qquad (5-69)$$

其中 $<\gamma_\sigma^{(n-1)}, \gamma_\sigma^{(n-1)}> = \int_{V'} \gamma_\sigma^{(n-1)}(r') \gamma_\sigma^{(n-1)}(r')dr'$ 为内积,V' 为模型参数

的变化空间。

步长 $\alpha^{(n)}$ 要满足下列方程，使数据拟合差取到最小值

$$F_D(\sigma^{(n)} + \alpha^{(n)} b^{(n)}) = \min_{\alpha} F_D(\sigma^{(n)} + \alpha^{(n)} b^{(n)}) \qquad (5-70)$$

5.3.6.2　搜索步长的确定

步长通过线性搜索法来实现（Dennis 和 Schnable，1996）。NLCG 法搜索步长的方法有三种（Tarantola A，1987）：

（1）尝试法；

（2）内插法；

（3）线性近似法。

根据 Newman 和 Alumbaugh（2000）的研究，线性搜索就是要找到步长 α 使得目标函数 $F_D(\sigma^{(n)} + \alpha^{(n)} \mathbf{b}^{(n)})$ 沿着搜索方向 $\mathbf{b}^{(n)}$ 逐渐地减小。还可以尝试通过二次曲线拟合确定步长 α，使得 F_D 减小得更多。为计算步长 α，首先对 b 做归一化

$$\mathbf{v} = \mathbf{b} / \parallel \mathbf{b} \parallel \qquad (5-71)$$

这里的 $\parallel \mathbf{b} \parallel$ 为欧氏距离，定义 $\alpha' = \parallel \mathbf{b} \parallel \alpha$，$\alpha$ 是标量。于是问题转化成搜索 α' 使得 $F_D(\sigma^{(n)} + \alpha'^{(n)} \mathbf{v}^{(n)})$ 沿着搜索方向 $\mathbf{v}$ 减小。因此，要求 α' 满足临界条件

$$F_D(\sigma^{(n)} + \alpha'^{(n)} \mathbf{v}^{(n)}) < F_D(\sigma^{(n)}) + \delta \alpha'^{(n)} \nabla F_D(\sigma^{(n)}) \cdot \mathbf{v}^{(n)} \qquad (5-72)$$

这里 δ 为很小的正数，保证 $F_D(\sigma^{(n)} + \alpha'^{(n)} \mathbf{v}^{(n)})$ 有足够的衰减，这是必要的，因为使用临界条件

$$F_D(\sigma^{(n)} + \alpha'^{(n)} \mathbf{v}^{(n)}) < F_D(\sigma^{(n)}) \qquad (5-73)$$

可能会导致结果震荡从而不收敛。在最优化的研究文献中，可取 $\delta = 100/\alpha'$。我们使用试探法来选取 α'，并使它满足临界条件 5-72。

牛顿法可以使用一个步长进行多次迭代，和牛顿法不同，NLCG 法的步长 α' 是随着迭代的进行不断调整的，因此我们使用试探法来确定步长 α'。

由 $m(\mathbf{r}') = \ln(\sigma(\mathbf{r}'))$ 得

$$\sigma = e^m, \sigma + \Delta\sigma = e^{m+\Delta m} \qquad (5-74)$$

两式相减得到 $\Delta\sigma = e^m(e^{\Delta m} - 1)$。

变换后得到

$$\Delta\mathbf{m} = \ln(\Delta\sigma e^{-m} + 1) \qquad (5-75)$$

选择模型参数 σ_{max}，与相应的最大的 $\mathbf{v}$ 的分量满足无穷范数 $\|\mathbf{v}\|_\infty = \max_{1 \le i \le M} |v_i|$。

根据方程 5 - 74，取试探步长为

$$\alpha' = 30\ln(16\sigma_{max}e^{-m_{max}} + 1) \tag{5-76}$$

方程 5 - 76 是经验的公式，通过数值试验得来，它在反演中起着关键性的作用。

如果 α' 满足临界条件 5 - 72，令 $f_0 = F_D(\boldsymbol{\sigma}^{(n)})$，$f_1 = F_D(\boldsymbol{\sigma}^{(n)} + \alpha'^{(n)}\mathbf{v}^{(n)})$，使用二次的模型来搜索新的 α'，使得 $F_D(\boldsymbol{\sigma}^{(n)} + \alpha^{(n)}\mathbf{b}^{(n)})$ 下降得更快。这里需要 4 组信息，即 $F_D(\boldsymbol{\sigma}^{(n)})$、$F_D(\boldsymbol{\sigma}^{(n)} + \alpha'^{(n)}\mathbf{v}^{(n)})$、$\alpha'$ 和方向导数 $g_0 = \nabla F_D(\boldsymbol{\sigma}^{(n)}) \cdot \mathbf{v}^{(n)}$。方向导数在前一次的迭代中可得到，无须更多的计算。因此，如果把 f_{min} 定义为我们寻找的函数的最小值，那么

$$f(x) = f_{min} + b(x - \alpha')^2/\alpha'^2_{trial} \tag{5-77}$$

这里 $b = (f_1 - f_0) - g_0\alpha'_{trial}$。

于是新的步长变为

$$\alpha' = -g_0\alpha'_{trial}/2b < \alpha'_{max} \tag{5-78}$$

这里 α'_{max} 为步长的上边界，使得 $\boldsymbol{\sigma}^{(n)} + \alpha'^{(n)}\mathbf{v}^{(n)}$ 指向可实现的模型。

如果方程 5 - 78 是正确的，需要满足两个条件：

(1) $b > 0$，保证二模型的曲率是正的，并使 α' 取得最小值；

(2) 通过计算 $F_D(\boldsymbol{\sigma}^{(n)} + \alpha'^{(n)}\mathbf{v}^{(n)})$，$f(\alpha') < f_1$。

如果 $b < 0$ 或者 $f(\alpha') > f_1$，就令 $\alpha' = \alpha'_{trial}$，并跳出线性搜索，因为 α'_{trial} 需要满足条件 5 - 72。

如果 f_1 不满足条件 5 - 72，使用二次回溯法来搜索 α'_{trial}，直到满足 f 的减小要求，定义

$$f(x) = f_0 + g_0x + cx^2 \tag{5-79}$$

这里 $c = (f_1 - f_0 - g_0\alpha'_{trial})/\alpha'^2_{trial}$。

于是新的步长为

$$\alpha' = \frac{g_0\alpha'^2_{trial}}{2(f_1 - f_0 - g_0\alpha'_{trial})} \tag{5-80}$$

方程 5 - 79 中的 c 通常为正值。只有满足条件 5 - 72 时，α' 才能接受。如果不满足条件 5 - 72，令 $\alpha'_{trial} = \alpha'$，继续使用回溯法，直到找到合适的步

长 α'_{trial}。

多项式近似法计算 α' 的一个问题是 α' 可能过于接近 0 来减小 F_D，从而使得反演停止。可以通过多项式约束条件来防止这种情况的出现。如果在二次模型中出现 $\alpha' < 0.1\alpha'_{trial}$ 的情况，就令 $\alpha' = 0.1\alpha'_{trial}$。

5.3.7　模型约束项

通常适合数据的模型数量很多，为减少多解性，需要加入先验条件。常使用的平滑约束条件是最光滑约束条件(Occam 反演)。这里根据 Wang(1994)的方法，模型约束项使用

$$F_M(m) = \frac{1}{2} \int_V \nabla m(r') \cdot \nabla m(r') dr' \tag{5-81}$$

其中，∇m 为模型参数的梯度。

模型约束项的梯度为

$$\frac{\delta F_M}{\delta m} = -\nabla^2 m \tag{5-82}$$

其中 $\nabla^2 m$ 是模型参数的拉普拉斯算子，于是 F 的梯度为

$$\bar{\gamma}_m = \frac{\delta F}{\delta m} = \gamma_m - \lambda \nabla^2 m \tag{5-83}$$

λ 为正则化算子，用于平衡误差项和模型光滑项，可以用试错法来计算。实际上，反演过程中，λ 的值随迭代次数而变化。NLCG 法首先拟合数据项，到达一定的拟合程度后，再增大模型项的拟合度，以生成光滑模型。

5.3.8　模型参数的对数变换

电阻率取对数，$m(\mathbf{r}') = \ln(\sigma(\mathbf{r}'))$。

计算目标函数的梯度时，乘以数 $\sigma(\mathbf{r}')$ 即可，从而保证电阻率为正数，$\sigma = e^m$。

$$\gamma_m(\mathbf{r}') = \sigma(\mathbf{r}')\gamma_\sigma(\mathbf{r}') \tag{5-84}$$

5.3.9　数据误差判断

由于从早期到晚期 TEM 响应的电磁场值变化较大，早期的电磁场值会比晚期大几个数量级，因此对得到的结果取对数后计算其误差：

$$(\text{data } error)^2 = \frac{\sum_{s,r} \int_{\ln t_0}^{\ln T} (\ln |d^0| - \ln |d|)^2 d(\ln t)}{\sum_{s,r} \int_{\ln t_0}^{\ln T} d(\ln t)} \qquad (5-85)$$

其中的 s,r 分别为发射和接收点。加入随机误差时

$$(\text{data } error)^2 = \frac{\sum_{s,r} \int_{\ln t_0}^{\ln T} (\frac{\ln |d^0 + err0| - \ln |d|}{\ln |err0|})^2 d(\ln t)}{\sum_{s,r} \int_{\ln t_0}^{\ln T} d(\ln t)} \qquad (5-86)$$

借鉴李展辉(2014)在博士论文中对相对误差的定义,为了增加晚期数据的贡献,避免相对误差过大的情况出现,本书定义相对误差为

$$(\text{data } error)^2 = \frac{\sum_{s,r} \int_{\ln t_0}^{\ln T} (\frac{d^0 - d}{\max(|d^0|, |d|)})^2 d(\ln t)}{\sum_{s,r} \int_{\ln t_0}^{\ln T} d(\ln t)} \qquad (5-87)$$

算例结果说明这种误差估计具有实际的意义。

5.3.10 多源数据的处理

实际工作中,常采用移动源的采集工作方式,也就是多源的情况,此时将不同源的数据拟合差进行叠加,新的数据拟合差为

$$F_D(\sigma, \mu) = \frac{1}{2} \sum_j \sum_i \int_0^T \delta \mathbf{d}^0(\mathbf{r}, t; s_j) \cdot \delta \mathbf{d}^0(\mathbf{r}, t; s_j) dt \qquad (5-88)$$

这里的 s_j 表示源的位置。

这时,电导率对数据拟合差的梯度为

$$\gamma_\sigma(\mathbf{r}') = \sum_j \int_0^T dt' \mathbf{e}(\mathbf{r}', t'; s_j) \cdot \mathbf{e}_b(\mathbf{r}', t'; s_j | \delta \mathbf{d}^0) \qquad (5-89)$$

5.4 反演流程

反演的流程如下(Commer,2004):

(1)设 $n=1$,选择初始模型 $\mathbf{m}_n$,计算目标函数的梯度 $\gamma_\sigma(\mathbf{r}') = -\nabla F(\mathbf{m}_n)$;

(2)计算搜索方向 $\mathbf{b}^{(n)} = -C_n \gamma_\sigma^{(n)} + \beta^{(n)} \mathbf{b}^{(n-1)}$;

(3)寻找搜索步长,使目标函数 $F_D(\mathbf{m}^{(n)} + \alpha^{(n)} \mathbf{b}^{(n)})$ 取极小值;

(4)更新模型 $\mathbf{m}^{(n+1)} = \mathbf{m}^{(n)} + \alpha^{(n)} \mathbf{b}^{(n)}$,计算拟合差;

(5)拟合差满足要求则停止迭代,否则跳到步骤(6);

（6）计算 $\beta^{(n)} = \dfrac{<\gamma_\sigma^{(n)}, \gamma_\sigma^{(n)} - \gamma_\sigma^{(n-1)}>}{<\gamma_\sigma^{(n-1)}, \gamma_\sigma^{(n-1)}>}$;

（7）更新搜索方向 $\mathbf{b}^{(n)} = -\gamma_\sigma^{(n)} + \beta^{(n)} \mathbf{b}^{(n-1)}$;

（8）设 $n = n + 1$,跳到步骤（3）。

5.5　小结

第三章介绍经典的时步迭代正演理论,本章在此基础上介绍非线性共轭梯度反演理论。反演的核心是计算目标函数的梯度。这里借鉴时步迭代的方法计算反向传播电磁场,与正演不同,反向传播电磁场的计算要加入异常场作为源项;借鉴地震偏移成像法,用入射电场和反传电场做卷积运算来计算数据拟合差的梯度。然后推导出电场、磁场和电磁场数据的目标函数的梯度计算方程。最后使用非线性共轭梯度法搜索目标函数的极小值,拟合观测数据,得到电阻率模型。

第六章　TEM 理论模型合成数据三维反演算例及结果分析

6.1　反向传播场的计算

均匀半空间的电阻率为 100 Ω·m，模型如图 6-1 所示，回线源位于地表，线框大小为 90 m×90 m，接收点的空间采样间距为 20 m，采样时间范围为 0.02 ms~2 ms。地下埋入低阻棱柱体，电阻率为 10 Ω·m，长 90 m，宽 120 m，高 70 m，埋深 50 m，X、Y 和 Z 方向剖分网格单元数分别为 140、140 和 70，最小剖分间距为 10 m，Z 方向第一层是空气层。收发装置如图 6-2 所示。

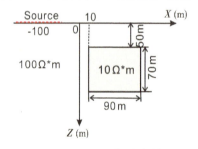
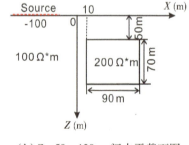

（a）Y = -60~60 m 间垂直断面图　　　（b）Z = 50~120 m 间水平截面图

图 6-1　低阻体模型

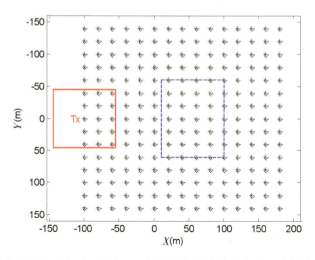

图 6-2　收发装置图，红框为回线源，*为接收点，蓝色虚线框为异常体在地表的投影

在接收点位置,含异常体响应的场与初始模型的理论场之差称为异常场 $[\delta \mathbf{u}^0(\mathbf{r}_i,t),\delta \mathbf{e}^0(\mathbf{r}_i,t)]$,我们把异常场作为源项,计算反向传播的电磁场。

各个接收点的异常场等值线图如图 6 – 3 到 6 – 8 所示。

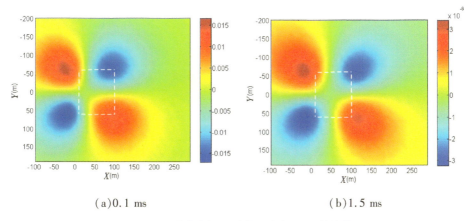

（a）0.1 ms　　　　　　　　　　　　　（b）1.5 ms

图 6 – 3　地表电场 X 分量异常场（δe_x）等值线

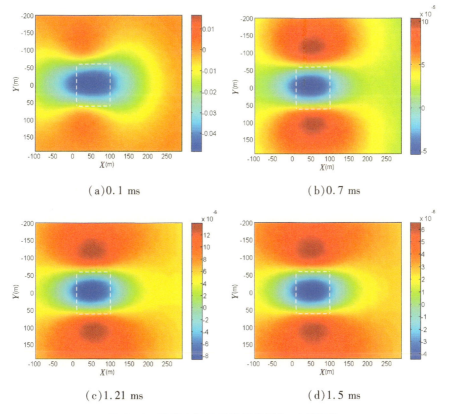

（a）0.1 ms　　　　　　　　　　　　　（b）0.7 ms

（c）1.21 ms　　　　　　　　　　　　　（d）1.5 ms

图 6 – 4　地表电场 Y 分量异常场（δe_y）等值线

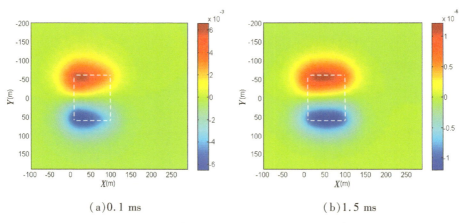

（a）0.1 ms　　　　　　　　　　　　（b）1.5 ms

图 6-5　地表电场 Z 分量异常场（δe_z）等值线

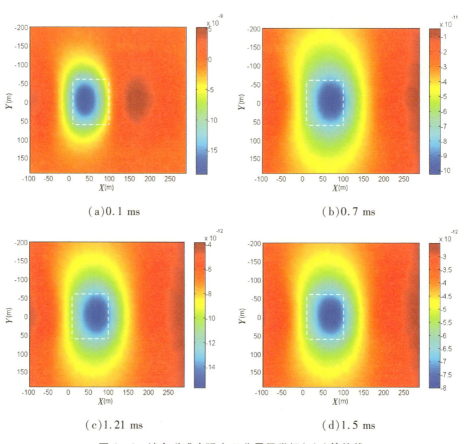

（a）0.1 ms　　　　　　　　　　　　（b）0.7 ms

（c）1.21 ms　　　　　　　　　　　　（d）1.5 ms

图 6-6　地表磁感应强度 X 分量异常场（δb_x）等值线

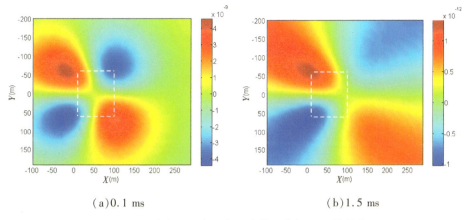

（a）0.1 ms　　　　　　　　　　（b）1.5 ms

图6-7　地表磁感应强度 Y 分量异常场（δb_y）等值线

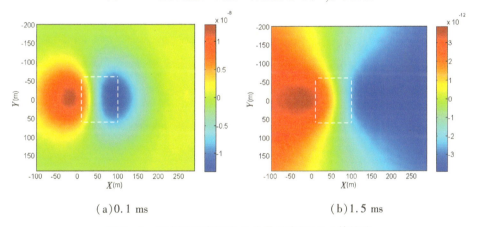

（a）0.1 ms　　　　　　　　　　（b）1.5 ms

图6-8　地表磁感应强度 Z 分量异常场（δb_z）等值线

从地表电磁场的异常场等值线图中，我们发现到晚期后，电场 X 分量和 Z 分量异常场指示低阻体的水平边界在地表的投影，电场 Y 分量异常场能显示异常体的大致水平位置和水平形状。磁感应强度 X 分量异常场显示异常体的大致水平位置和水平形状，磁感应强度 Z 分量和 Y 分量异常场指示低阻体的水平边界在地表的投影。

李展辉博士（2014）研究发现，紧挨着源附近的网格的敏感度虽然随时间按一定的规律衰减，但其值始终是整个网格中最大的，所以不需要过于早期的时间点仍可以反演出接近地表的电阻率值。

Commer（2016）曾指出，用磁感应强度异常场做源计算反传场时，用向上延拓的方法处理大地空气边界存在的问题是计算精度不高，这方面的研究较少。对于反演而言，梯度计算的意义在于找到正确的搜索方向去更新模型，所以不必要求完全精确的梯度。

我们使用晚期的电场异常场作为源代入方程 5 – 55、5 – 56,计算反传电磁场,为计算数据拟合差的梯度做准备。图 6 – 9 为沿 X 方向过原点,在初始时刻反传的电场 Y 分量的断面图。图 6 – 10 为沿 X 方向过原点,在初始时刻反传的磁场 X 分量的断面图。

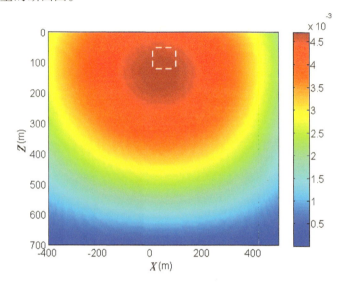

图 6 – 9   到初始时刻,反传的电场 Y 分量的断面图($Y = 0$ m)

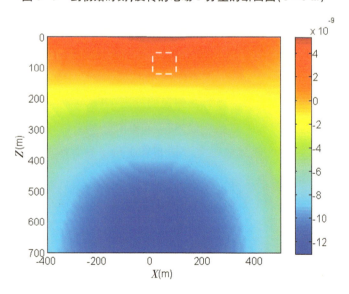

图 6 – 10   到初始时刻,反传的磁感应强度 X 分量的断面图($Y = 0$ m)

图中可以看到,由地表异常电场激发反传到初始时刻的反传电场 Y 分量的极值中心位于目标体附近的下方,反传磁感应强度 X 分量的极值中心点则远离异常体中心。

6.2　低阻体模型理论合成数据的反演算例

6.2.1　算例 1

参与反演的数据为理论计算的响应数据,加入 1% 的随机误差,后面的反演算例都是理论合成数据,加入 1% 的随机误差。

理论模型如图 6 – 1 所示,背景电阻率为 100 $\Omega \cdot m$,地下埋入低阻棱柱体,电阻率为 10 $\Omega \cdot m$,长 90 m,宽 120 m,高 70 m,埋深 50 m。收发装置如图 6 – 2 所示,回线源位于地表,线框大小为 90 m × 90 m,接收点的空间采样间距为 20 m,采样时间范围为 0.02 ms ~ 2 ms。

X、Y 和 Z 方向剖分网格单元数分别为 140、140 和 70,最小剖分间距为 10 m,Z 方向第一层是空气层。反演的初始模型为电阻率为 100 $\Omega \cdot m$ 的均匀半空间模型,经过 19 次迭代后,得到的反演结果如图 6 – 11、6 – 12、6 – 13 所示,其中的电阻率参数取 10 对数后显示,后面的反演结果图做同样的处理。

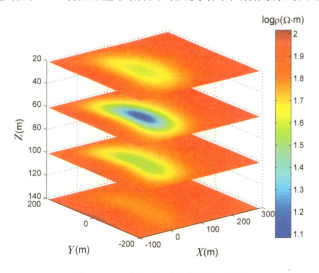

图 6 – 11　低阻体反演结果切片图

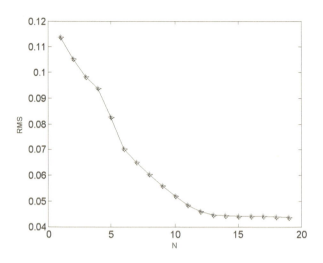

图 6 – 12 拟合差随迭代次数的变化图

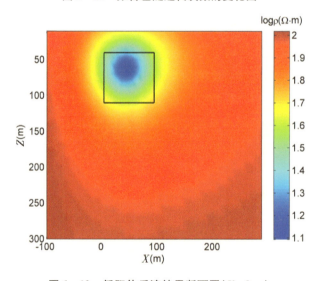

图 6 – 13 低阻体反演结果断面图(Y = 0 m)

从反演结果图 6 – 11 中可以看出,共轭梯度法能够反演出低阻异常体接近真实的电阻率和大致的位置。图 6 – 12 为相对误差拟合差随迭代次数的变化图,前 5 次迭代的拟合差下降较快。图 6 – 13 为 Y = 0 m 处的电阻率切片图,图 6 – 14 为 X = 40 m 处的电阻率切片图,图中的黑色线框为低阻体的真实位置。低阻体的电阻率能恢复到约 20 Ω·m,但反演结果对低阻体边界的分辨率很低。

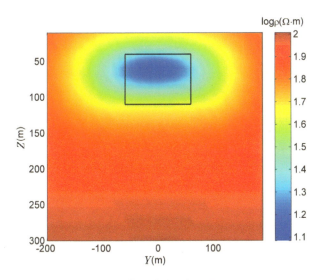

图 6 - 14　低阻体反演结果断面图($X = 40$ m)

对比图 6 - 13 和 6 - 14,我们发现反演结果对 X 方向上异常区域的反映优于 Y 方向上的, Y 方向上的异常区域明显大于真实的低阻体的区域,也就是对 Y 方向上的低阻体的分辨率低于 X 方向上的。并且 X 方向上距离源近的地方,反演结果对边界的识别优于距离源远的边界。这是因为源放置在 X 方向上,距离源越远的地方,扩散的电磁场衰减得更快,所以分辨率就降低。

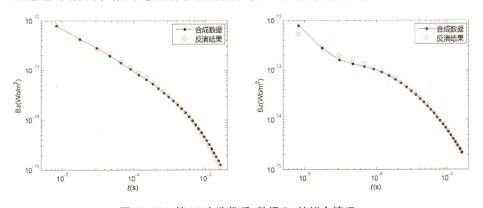

图 6 - 15　第 15 次迭代后,数据 Bz 的拟合情况,
左图为模型中心点在地表的投影点,右图为模型近边界点在地表的投影点

图 6 - 15 为第 15 次迭代后数据 Bz 的拟合情况。模型中心点在地表投影点的数据到晚期出现偏差,模型近边界点在地表投影点的数据早期拟合得不好,这是因为反演结果对模型边界的约束较差,反演得到的异常区域大于实际模型的边界,通过改进算法增加对模型边界的约束会增强数据的拟合度。

6.2.2 算例 2

我们使用两个源的数据来约束目标体的边界,相当于移动一次源的位置,装置如图 6 - 16 所示,采样时间范围为 0.02 ms ~ 2 ms。

反演的初始模型为电阻率为 100 Ω·m 的均匀半空间模型,经过 16 次迭代后,得到的反演结果如图 6 - 17、6 - 18、6 - 19 所示。

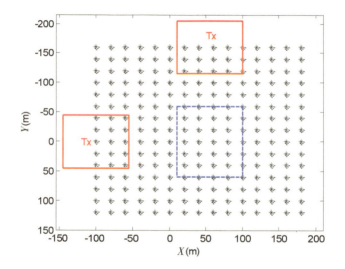

图 6 - 16 地表收发装置图,红色线框为发射线框,* 为接收点,
蓝色虚线框为异常体在地表的投影

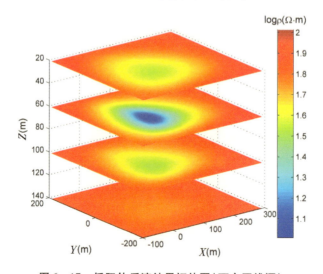

图 6 - 17 低阻体反演结果切片图(两个回线源)

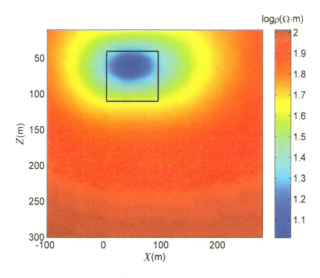

图 6 – 18　低阻体反演结果断面图($Y = -10$ m)

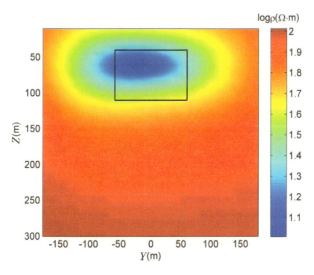

图 6 – 19　低阻体反演结果断面图($X = 40$ m)

　　图 6 – 18 为 $Y = -10$ m 处的电阻率切片图,低阻体的电阻率能恢复到 20
$\Omega \cdot$ m。图 6 – 19 为 $X = 40$ m 处的电阻率切片图,图中的黑色线框为低阻体的
真实位置。对比算例 1 的结果,我们发现,两个源的数据增加了对异常体边界
的约束。Y 方向上放置发射装置后,反演结果对 Y 方向上的异常区域的识别比
单源的效果更好,但对 X 方向上的异常区域的识别不如单源反演的效果好。由
于多源的数据是线性加入目标函数的,在 Y 方向上放置发射装置后,其产生的
扩散电磁场在 X 方向上衰减得更快,所以叠加的结果是提高了对 Y 方向上的异

常体边界的约束,降低了对 X 方向上的异常体边界的识别。

总体上来说,使用多源数据,增加了数据量,增加了约束,提高了反演的效果。虽然得到的异常体的中心值有所偏离,但整体上比单源反演的结果更接近真实的异常体的位置。

综上,扩散方程得到的成像对异常体边界的反映较差,这是因为在扩散过程中高频部分被吸收,从而使得扩散场变得平滑。反演过程中使用最小二乘泛函搜索目标函数的极小值,得到的是局部极小,所以扩散场的分辨率较差,得到的成像结果对边界的反映不清晰。

6.3 小结

本章展示地表差异场对于地下异常体的反映特点,用电场差异场做场源计算反传的电磁场,使用非线性共轭梯度法反演拟合几组合成的观测数据。反演结果说明使用多源数据,会增加约束,使得反演的效果更好,整体上看反演得到的异常体的位置更接近真实的异常体的位置。

扩散方程得到的成像对边界的反映较差,因为高频部分被吸收使得扩散场变得平滑,最小二乘泛函能得到的极小是局部极小,所以扩散场的分辨率较差。

第七章 结 论

本书应用伪谱法计算全空间瞬变电磁响应,应用交错采样有限差分法计算半空间回线源的正演响应。借鉴地震偏移成像的方法,用地表差异场做场源计算反向传播场,直接在时间域用入射电场和反传电场做卷积来计算数据拟合差的梯度,应用非线性共轭梯度法来搜索目标函数的极小值。最后反演几组合成的回线源观测数据,主要结论如下:

(1)伪谱法的优势是计算的效率高、计算结果的精度高,潜在的应用领域是海洋瞬变电磁法和矿井瞬变电磁法。如果改进导数的计算方法,适当处理地表空气边界,就能应用于计算地面瞬变电磁场。

(2)有限差分法正演算例表明,电磁场在低阻体中的扩散速度变慢,在高阻体中的扩散速度变快。低阻体与电磁场发生相互作用,响应产生的电磁场缓慢衰减,持续的时间较长。和低阻体相比,电磁场对高阻体非常不灵敏,在高阻体中扩散速度变快,由于热损耗作用,衰减得更快。

(3)由于 TEM 方法获得的观测数据量巨大,用一般方法进行反演效率很低。利用地表差异场做场源计算反向传播场,直接在时间域用入射电场和反传电场做卷积运算来计算数据拟合差的梯度,避开计算雅可比矩阵,是反演的有效方法。

(4)对几组合成的回线源电磁场数据进行反演,结果说明使用多源数据,增加了数据量,增加了约束,提高了反演的效果,反演得到的异常体的位置更接近真实的异常体的位置。扩散方程得到的成像对异常体的边界反映较差,因为高频部分被吸收使得扩散场变得平滑,所以扩散场的分辨率较差。

未来的研究者需要注意这些问题:

(1)伪谱法模拟全空间三维的瞬变电磁响应,可以通过优化空间偏导数的计算方法,来加入地表边界条件,从而模拟地面的 TEM 响应。

(2)TEM 有限差分正演考虑加入地形因素,增加实用性,为实测的 TEM 数据的反演提供理论基础。

(3)完善 TEM 非线性共轭梯度反演算法,适应复杂模型的反演。

参 考 文 献

[1] ABRAMOWITZ M, STEGUN I A. Handbook of mathematical functions [M]. New York: Dover Publ, 1972.

[2] CANUTO C, HUSSAINI M Y, QUARTERONI A, et al. Spectral methods in fluid dynamics[M]. New York: Springer-Verlag Inc. , 1987.

[3] DENNIS J E, SCHNABEL R B. Numerical methods for unconstrained optimization and nonlinear equations[M]. Philadelphia: Society for Industrial and Applied Mathematics, 1996.

[4] FELSEN L B, MARCUVITZ N. Radiation and scattering of waves[M]. Englewood Cliffs, N. J. : Prentice-Hall, 1973.

[5] FORNBERG B. A practical guide to pseudo-spectral methods[M]. Cambridge: Cambridge University Press, 1996.

[6] SANDERS K F, REED G A L. Transmission and propagation of electromagnetic waves[M]. Cambridge: Cambridge University Press, 1986.

[7] SPIES B R, FRISEHKNEEHT F C. Electromagnetic sounding [M]// NABIGHIAN M N. Electromagnetic methods in applied geophysics: volume 2. Tulsa: Society of Exploration Geophysicists, 1991.

[8] TARANTOLA A. Inverse problem theory: methods for data fitting and model parameter estimation[M]. New York: Elsevier, 1987.

[9] WARD S H, HOHMANN G W. Electromagnetic theory for geophysical applications[M]//NABIGHIAN M N. Electromagnetic methods in applied geophysics: volume 1. Tulsa: Society of Exploration Geophysicists, 1988.

[10] ALUMBAUGH D L, MORRISON H F. EM conductivity imaging with an iterative Born inversion[J]. IEEE transaction on geoscience and remote sensing, 1993, 31(4): 758 − 763.

[11] ANDREAS H. Calculation of electromagnetic sensitivities in the time do-

main[J]. Geophysical journal international,1998,133(3):713 – 720.

[12]ADHIDJAJA J I,HOHMANN G W. A finite—difference algorithm for the transient electromagnetic response of a three dimensional body[J]. Geophysical journal international,1989,98(2):233 – 242.

[13]BARNETT C T. Simple inversion of time-domain electromagnetic data [J]. Geophysics,1984,49(7):925 – 933.

[14]COMMER M. Three-dimensional inversion of transient electromagnetic data:a comparative study[D]. Cologne:University of Cologne,2004.

[15]CARLOS T V,HABASHY T M. An approach to nonlinear inversion with application to cross-well EM tomography[J].63th SEG annual meeting MEI,1993,2 (361):354.

[16]CARCIONE J M. Geophysical software and algorithms a spectral numerical method for electromagnetic diffusion[J]. Geophysics,2006,71(1):11 – 19.

[17]CARCIONE J M. Simulation of electromagnetic diffusion in anisotropic media[J]. Progress in electromagnetics research (PIER) B,2010,26(26):425 – 450.

[18]DE RAEDT H,MICHIELSEN K,KOLE J S,et al. Solving the maxwell equations by the Chebyshev method:a one-step finite-difference time-domain algorithm [J]. IEEE Transactions on antennas and propagation,2003,51:3155 – 3160.

[19]XIE G Q,LI J H,MAJER E L,et al. 3-D electromagnetic modeling and nonlinear inversion[J]. Geophysics,2000,65(3):804 – 822.

[20]HABASHY T M,GROOM R W,SPIES B R. Beyond the born and rytov approximations:a nonlinear approach to electromagnetic scattering[J]. Journal of geophysical research,1993,98(B2):1759 – 1775.

[21]HABER E,ASCHER U M,OLDENBURG D W. Inversion of 3D electromagnetic data in frequency and time domain using an inexact all-at-once approach [J]. Geophysics,2004,69(5):1216 – 1228.

[22]HABER E,OLDENBURG D W,SHEKHTMAN R. Inversion of time domain three-dimensional electromagnetic data[J]. Geophysical journal international, 2007,171(2):550 – 564.

［23］KOSLOFF D,KESSLER D,FILHO A Q,et al. Solution of the equation of dynamic elasticity by a Chebychev spectral method［J］. Geophysics,1990,55(6): 734 – 748.

［24］KOSLOFF D,BAYSAL E. Forward modeling by the Fourier method［J］. Geophysics,1982,47(10):1402 – 1412.

［25］KOSLOFF D,KOSLOFF R. Absorbing boundaries for wave propagation problems［J］. Journal of computational physics,1986,63(2):363 – 376.

［26］LEE K H,XIE G Q. A new approach to imaging with low-frequency electromagnetic fields［J］. Geophysics,1993,58(6):780 – 796.

［27］LIU Y H,YIN C C. 3D inversion for multipulse airborne transient electromagnetic data［J］. Geophysics,2016,81(6):E401 – E408.

［28］LIU Y H,YIN C C,QIU C K,et al. 3D inversion of transient EM data with topography using unstructured tetrahedral grids［J］. Geophysical journal international,2019(1):301 – 318.

［29］MARKKU P. Numerical modeling and inversion of geophysical electromagnetic measurements using a thin plate model［D］. Oulu:University of Oulu, 2003.

［30］GARG N R,KELLER G V. Spatial and temporal analysis of electromagnetic survey data［J］. Geophysies,2012,51(1):85 – 89.

［31］NEWMAN G A,ALUMBAUGH D L. Three-dimensional magnetotelluric inversion using non-linear conjugate gradients［J］. Geophysical journal international, 2000,140(2):410 – 424.

［32］NEWMAN G A,COMMER M. New advances in three dimensional transient electromagnetic inversion［J］. Geophysical journal international,2005,160(1): 5 – 32.

［33］OLDENBURG D W,HABER E,SHEKHTMAN R. Three dimensional inversion of multisource time domain electromagnetic data［J］. Geophysics,2013,78 (1):E47 – E57.

［34］POWELL M J D. Restart procedures for the conjugate gradient method ［J］. Mathematical programming,1977,12(1):241 – 254.

[35]KEATING P B,CROSSLEY D J. The inversion of time-domain airborne e-lectromagnetic data using the plate model[J]. Geophysics,2012,55(6):705 - 711.

[36]PORTNIAGUINE O,ZHDANOV M S. Focusing geophysical inversion im-ages[J]. Geophysics,2012,64(3):874 - 887.

[37]SASAKI Y. Full 3-D inversion of electromagnetic data on PC[J]. Journal of applied geophysics,2001,46(1):45 - 54.

[38]TAL-EZER H. Spectral methods in time for hyperbolic equations[J]. SI-AM journal of numerical analysis,1986,23(1):11 - 26.

[39]WANG T,HOHMANN G W. A finite-difference,time-domain solution for three-dimensional electromagnetic modeling[J]. Geophysics,1993,58(6):780 - 916.

[40]TORRES-VERDIN C,HABASHY T M. Rapid 2. 5-D forward modeling and inversion via a new nonlinear scattering approximation[J]. Radio science,1994,29(4):1051 - 1079.

[41]WANG T,ORISTAGLIO M,TRIPP A,et al. Inversion of diffusive transi-ent electromagnetic data by a conjugate-gradient method[J]. Radio science,1994,29(4):1143 - 1156.

[42]XIONG Z H. Electromagnetic modeling of 3-D structures by the method of system iteration using integral equations[J]. Geophysics,2012,57(12):1556 - 1561.

[43]XIONG B. 2. 5D forward for the transient electromagnetic response of a block linear resistivity distribution[J]. Journal of geophysics and engineering,2011,8(1):115 - 121.

[44]ZHDANOV M S,FANG S. Quasi-linear approximation in 3-D electromag-netic modeling[J]. Geophysics,2012,61(3):646 - 665.

[45]纳比吉安.勘探地球物理:电磁法:第 1 卷　理论[M].赵经祥,王艳君,译.北京:地质出版社,1992.

[46]牛之琏.脉冲瞬变电磁法及应用[M].长沙:中南工业大学出版社,1987.

[47]牛之琏.时间域电磁法原理[M].长沙:中南大学出版社,2007.

[48]王家映.地球物理反演理论[M].北京:高等教育出版社,2007.

[49]陈明生,闫述,石显新,等.二维地质体的瞬变电磁场响应特征[J].地震地质,2001,23(2):252-256.

[50]程久龙,李明星,肖艳丽,等.全空间条件下矿井瞬变电磁法粒子群优化反演研究[J].地球物理学报,2014,57(11):3478-3484.

[51]邓晓红.定回线源瞬变电磁三维异常特征反演[D].北京:中国地质大学,2006.

[52]樊亚楠,李貅,戚志鹏,等.瞬变电磁虚拟波场 Born 近似算法研究[J].地球物理学进展,2019,34(2):529-536.

[53]郭文波,李貅,薛国强,等.瞬变电磁快速成像解释系统研究[J].地球物理学报,2005,48(6):1400-1405.

[54]李大俊.基于时频变换实现矩形大定源瞬变电磁数据三维频率域反演[D].长春:吉林大学,2017.

[55]李貅,郭文波,胡建平.瞬变电磁测深快速拟地震解释方法及应用效果[J],西安工程学院学报,2001,23(3):42-45.

[56]李貅,薛国强,宋建平,等.从瞬变电磁场到波场的优化算法[J].地球物理学报,2005,48(5):1185-1190.

[57]李貅.瞬变电磁虚拟波场的三维曲面延拓成像研究[D].西安:西安交通大学,2005.

[58]李貅,戚志鹏,薛国强,等.瞬变电磁虚拟波场的三维曲面延拓成像[J].地球物理学报,2010,53(12):3005-3011.

[59]李貅,张莹莹,卢绪山,等.电性源瞬变电磁地空逆合成孔径成像[J].地球物理学报,2015,58(1):277-288.

[60]李永兴,强建科,汤井田.航空瞬变电磁法一维正反演研究[J].地球物理学报,2010,53(3):751-759.

[61]李建慧,朱自强,曾思红,等.瞬变电磁法正演计算进展[J].地球物理学进展,2012,27(4):1393-1400.

[62]李建慧,朱自强,鲁光银,等.回线源瞬变电磁法的三维正演研究[J].地球物理学进展,2013,28(2):754-765.

[63]李展辉,黄清华,王彦宾.三维错格时域伪谱法在频散介质井中雷达模

拟中的应用[J].地球物理学报,2009,52(7):1915－1922.

[64]李展辉.回线源瞬变电磁法基于时域有限差分的2.5维和三维正反演研究[D].北京:北京大学,2014.

[65]刘鲁波,陈晓非,王彦宾.切比雪夫伪谱法模拟地震波场[J].西北地震学报,2007,29(1):18－25.

[66]龙桂华,李小凡,张美根.错格傅里叶伪谱微分算子在波场模拟中的应用[J].地球物理学报,2009,52(1):193－199.

[67]鲁凯亮,李貅,戚志鹏,等.瞬变电磁扩散场到虚拟波场的精细积分变换算法[J].地球物理学报,2021,64(9):3379－3390.

[68]齐彦福,智庆全,李貅,等.考虑关断时间的地面瞬变电磁三维带地形反演[J].地球物理学报,2021,64(7):2566－2577.

[69]强建科,满开峰,龙剑波,等.时间域航空电磁2.5维非线性共轭梯度反演[J].地球物理学报,2016,59(12):4701－4709.

[70]饶丽婷,武欣,吴超,等.基于瞬变电磁矩变换的快速三维反演方法[J].地球物理学报,2016,59(11):4338－4348.

[71]孙怀凤,李貅,李术才,等.考虑关断时间的回线源激发TEM三维时域有限差分正演[J].地球物理学报,2013(3):1049－1064.

[72]孙怀凤,程铭,吴启龙,等.瞬变电磁三维FDTD正演多分辨网格方法[J].地球物理学报,2018,61(12):5096－5104.

[73]沈金松,孙文博.2.5维电磁响应的有限元模拟与波数取值研究[J].物探化探计算技术,2008(2):135－144.

[74]王华军,罗延钟.中心回线瞬变电磁法2.5维有限单元算法[J].地球物理学报,2003,46(6):855－862.

[75]王猛,刘国辉,王大勇,等.瞬变电磁测深资料的ABC算法反演研究[J].地球物理学进展,2015,30(1):133－139.

[76]翁爱华,刘云鹤,陈玉玲,等.矩形大定源层状模型瞬变电磁响应计算[J].地球物理学报,2010,53(5):646－650.

[77]熊彬.关于瞬变电磁法2.5维正演中的几个问题[J].物探化探计算技术,2006(2):124－128,85.

[78]许广春.地面矩形大定源电磁法频率域三维非线性共轭梯度反演[J].

地球物理学报,2017,60(12):4866 - 4873.

[79]薛国强,李貅,宋建平.从瞬变电磁测深数据到平面波场数据的等效转换[J].地球物理学报,2006,49(5):1539 - 1545.

[80]薛国强,李貅,底青云.瞬变电磁法理论与应用研究进展[J].地球物理学进展,2007,22(4):1195 - 1200.

[81]薛国强,李貅.瞬变电磁隧道超前预报成像技术[J].地球物理学报,2008,51(3):894 - 900.

[82]薛国强,李貅,底青云.瞬变电磁法正反演问题研究进展[J].地球物理学进展,2008,23(4):1165 - 1172.

[83]薛国强,李貅,戚志鹏,等.瞬变电磁拟地震子波宽度压缩研究[J].地球物理学报,2011,54(5):1384 - 1390.

[84]闫述,陈明生,傅君眉.瞬变电磁场的直接时域数值分析[J].地球物理学报,2002,45(2),275 - 284.

[85]闫述,薛国强,陈明生.大回线源瞬变电磁响应理论研究回顾及展望[J].地球物理学进展,2011,26(3):941 - 947.

[86]殷长春,任秀艳,刘云鹤,等.航空瞬变电磁法对地下典型目标体的探测能力研究[J].地球物理学报,2015,58(9):3370 - 3379.

[87]殷长春,黄威,贲放.时间域航空电磁系统瞬变全时响应正演模拟[J].地球物理学报,2013,56(9):3153 - 3162.

[88]杨长福,林长佑,陈军营,等.三维瞬变电磁近似反演[J].地震学报,2000,22(4),377 - 384.

[89]岳建华,杨海燕,胡搏.矿井瞬变电磁法三维时域有限差分数值模拟[J].地球物理学进展,2007,22(6):1904 - 1909.

[90]余翔,王绪本,李新均,等.时域瞬变电磁法三维有限差分正演技术研究[J].地球物理学报,2017,60(2):810 - 819.

[91]赵越,李貅,王祎鹏,等.三维起伏地形条件下航空瞬变电磁响应特征研究[J].地球物理学报,2017,60(1):383 - 402.